독도는 외롭지 않다

어부지용

漁　夫　之　勇

–최초 독도주민 최종덕의 도전과 응전–

어부지용
漁 夫 之 勇

-최초 독도주민 최종덕의 도전과 응전-

초판인쇄 | 2025년 9월 18일
초판발행 | 2025년 9월 25일

지 은 이 | 독도최종덕기념사업회
펴 낸 이 | 김 남 진
펴 낸 곳 | (주)중앙경제
주 소 | 서울시 중구 다산로 11길 19(신당2동 355-8) 백석빌딩 신관 3층
편집·디자인 | 최 가 영

전 화 | 02-2231-7293
팩 스 | 02-2235-5344
홈페이지 | www.elabor.co.kr
출판등록 | 80.6.21 제2-66호

정 가 | 18,000원
I S B N | 978-89-7017-520-1 (03990)

독도는 외롭지 않다

어부지용

漁　夫　之　勇

-최초 독도주민 최종덕의 도전과 응전-

목차

발간사

추천사

6 창의적인 재능과 포기하지 않는 열정

7 최초 독도인 최종덕을 기리며

발간사

1925년 5월 1일 평안남도에서 출생하여 세살 때 아버지를 따라 울릉도로 이주한 최종덕은 오징어 장사 또는 약초재배 등으로 생활했다. 그는 선박을 해안가로 견인하는 도르래(일명 동끼), 오징어 집어등을 개발하며 '발명가'로서의 면모를 보였다. 그러던 중 더 높은 수익을 창출하기 위해 독도에 관심을 가지고 1965년 울릉군 도동어촌계로부터 독도 공동어장 채취권을 획득했다. 본격적인 독도 '정주어업'을 시작하면서 '사업'으로서의 어업에 뛰어들었다.

최종덕은 독도에서 미역을 채취하던 기존 어업방식에 더해 겨울철 해녀들을 고용하여 '하다까(裸, はだか)'라고 불리는 일종의 간이 잠수어업을 통해 독도의 어업 관행을 변화시키기도 했다. 뿐만 아니라 기르는 어업에 관심을 가지고 전복 양식을 시도했으며, 독도에서 미역을 장기 보관할 수 있도록 염장 미역을 생산하기도 했다, 독도 그의 집이 '어민보호소'가 되어 조업 중 위험에 처한 많은 어민이 이용하기도 했다. 또한 독도에 실제 거주하면서 가족이 주민등록을 독도로 이전하는 등 독도가 대한민국 영토라는 사실을 직접 몸으로 증명해보

였다. 또한 독도의 주요 시설물 공사에 적극 참여하면서 독도에 없어서는 안 될 중심인물로 자리 잡았다. 하지만 안타깝게도 독도를 대한민국 어민의 생활 터전으로 만들고 싶었던 그의 원대한 꿈은 1987년 태풍 '셀마(태풍번호 8705, JTWC 지정 번호 05W, 국제명 THELMA)'에 의해 좌절되었다. 이러한 역사는 그를 '최초의 독도주민' 또는 '영원한 독도인'이라는 수식어를 붙여주고 있다.

태풍 '셀마'는 대한민국의 국토를 유린하고 동쪽 끝 독도까지 삼켜버린 초대형 태풍이다. 최종덕이 꼬박 24년(1963년~1987년)을 매달려 만들어 놓은 삶의 흔적을 순식간에 없애 버렸다. 새로 지은 집과 창고, 그리고 배를 올리던 기계장치까지 독도에 이루어 놓은 모든 것을 한순간에 잃어버렸다. 한마디 말도 없이 허공에 시선이 고정된 채 며칠의 시간이 흘렀다. 힘들고 막막하지만 다시 털고 일어나 새롭게 시작하기로 마음을 다잡고 살아가는데 필요한 최소한의 시설공사 자재를 구입하기 위해 울릉도를 거쳐 육지로 나갔다. 준비를 마치고 새로운 시작을 위해 돌아오는 길, 그러나 하늘은 다시 시작할 기회를 주지 않았다. 뇌출혈로 쓰러져 인생의 모든 것을 바친 독도로 다시 돌아오지 못한 것이다.

기나긴 독도의 역사에서 독도에 삶의 뿌리를 내렸던, 최초의 주민 최종덕은 그렇게 떠나갔다. 갑작스런 죽음으로 그는 기록을 남기지 못했다. 그런 점에서 그에 대한 평가가 제대로 이루어지지 못한 것도 사실이다. 그가 독도에서 살아낸 삶의 흔적을 찾는 것은 독도 영유권의 공고화에 크게 기여할 것이다. 그에 대한 다양한 평가가 여러 곳에서 이루어지는 계기가 될 수 있고, 또한 그의 독도 사랑을 재조명하는 초석이 되기를 바라는 마음에서 이 책은 기획되었다.

최종덕은 창조적인 도전정신을 가진 독도의 개척자·탐험가 그리고 발명가로서 말없이 독도를 지킨 진정한 '독도수호자'였다. 아마도 처음부터 애국심이 충만해서 독도에 간 것은 아닐 것이다. 독도 바다에 널려있는 '수산자원'을 채취하는 사업에 더 많은 관심을 두었을 가능성도 있다. 그렇지만 결과적으로 그의 '독도 정착'이라는 노력 덕분에 마을이 만들어지고, 사람이 거주하는 유인도가 된 것은 사실이다. 그가 원했든, 원치 않았든 우리는 그가 '최초 독도주민'임을 인정하고 그의 업적을 기억해야 한다. 즉 최종덕이 독도를 수호하겠다는 의지를 갖고 독도에 들어갔다고 보기 어렵지만, 독도에서 거주 생활을 하고, 독도주민으로서의 자부심이 생기면서, 점점 애국적인 생각이 그의 마음속에 자리 잡았다. 결국 자신의 독도 생활이 독도를 지키는데 크게 기여하리라는 국가적인 사명감까지 갖게 되었다고 볼 수 있다.

독도와 울릉도를 수십, 수백, 수천 번을 오가며 독도에 정착하고, '덕골'이라는 마을을 만들어 독도가 확고한 우리의 영토이자 우리의 주권이 미치는 땅임을 알리려했던 최종덕의 '큰 꿈과 노력'에 대해 현재를 살아가는 우리들은 정확하게 알고 있는 것일까? 독도의 역사를 바로 알지도 못하면서 독도를 우리 땅이라 외치는 것은 공허한 메아리로 들리지는 않을까? 우리가 독도의 현대사를 바로 아는 것이 바로 '독도수호'의 시작점이 될 것이다. 관광선을 타고 독도에 입도(入島)해서 태극기를 열심히 흔드는 것도 의미가 있지만, 대한민국 국민이라면 적어도 최종덕이 행동으로 만들어낸 현시대 독도 역사를 다른 나라 사람에게 잘 설명할 수 있어야 한다. 그러기 위해서 우리는 독도에 사람이 살 수 있는 기반을 다진 그를 기억하고 자료를 발굴해 후손에 전해주어야 할 책무가 있다.

이 책은 독도를 대한민국 영토로 만드는데 인생의 대부분을 보낸 최종덕이 살아온 이야기를 '도전과 응전'이라는 주제에 맞춰 정리한 것이다. 본인이 글을 쓰거나 자료를 남기지 않았기 때문에 가족, 동료 선원, 해녀, 잠수부 등 다른 사람의 구술과 증언이 밑바탕이 되었다. 척박한 환경을 하나씩 극복하면서, 마을을 만들고, 사람이 살아갈 수 있도록 독도에 정착한 개척자·탐험가 그리고 발명가인 최종덕이 도전과 응전으로 살아낸 모습이 독도를 사랑하는 국민 모두에게 아름다운 스토리로 기억되기를 기대한다. 바쁜 시간을 쪼개 소중한 원고를 함께 정리해주신 구건서박사님께도 고맙다는 인사를 전한다. 어려운 출판여건 속에서도 흔쾌히 책을 발간해준 중앙경제 김남진 대표와 편집부 직원분들께도 감사드린다.

독도최종덕기념사업회

추천사 1

『어부지용』이라는 제목에 담긴 의미처럼, 최종덕 선생은 오랜 체험에서 얻은 어부의 용기로 독도를 개척한 진정한 탐험가였습니다. 그의 삶을 기록한 이 책은 독도 영유권의 역사적 근거와 우리 영토 수호의 중요성을 다시금 일깨워주는 소중한 기록입니다.

최종덕 선생이 1963년부터 1987년까지 24년간 독도에서 '살아냈다'는 사실은 독도가 대한민국 영토임을 증명하는 가장 확실한 증거입니다. 일본이 무인도라고 주장하며 영유권을 부당하게 주장하는 상황에서, 그는 실제 독도에 거주하며 경제활동을 하고 주민등록까지 옮겼습니다. 최종덕 선생은 가족과 함께 '독도 주민'이 되어 국제법상 '인간의 거주'라는 요건을 충족시켰습니다.

특히 독도라는 척박한 환경에서 물골을 정비하고, 덕골에 주거공간을 마련하며, 선가장과 도르래 시설을 직접 개발하는 등 창의적인 노력은 우리에게 큰 감동을 줍니다. 국가의 지원 없이 자신의 힘으로 독도에 사람이 살 수 있는 기반을 닦았다는 것은 경이로운 일입니다.

최종덕 선생과 같은 분들의 헌신 덕분에 오늘날 우리가 독도를 확고한 대한민국 영토로 지킬 수 있었다고 믿습니다. 가족의 희생, 그리고 해녀와 선원들을 배려하며 공동체를 이루어 살았던 모습은 우리 모두가 본받아야 할 정신입니다.

최근 일본이 교과서에 독도를 자국 영토로 표기하고 영유권 주장을 강화하는 상황에서, 최종덕 선생의 삶을 기록한 이 책은 시의적절하고 소중한 자료입니다. 독도에 사람이 살아야 한다는 그의 신념과 실천은 독도 수호의 중요한 역사적 자산입니다.

앞으로도 우리는 최종덕 선생의 독도 사랑과 개척 정신을 기억하고, 독도가 역사적·지리적·국제법적으로 명백한 대한민국 영토임을 전 세계에 알려야 합니다. 이 책이 독도의 역사를 바로 알고, 국민 모두가 독도 수호의 중요성을 인식하는 데 크게 기여하기를 바랍니다.

포항시 남구·울릉군 국회의원

이 상 휘

추천사 2

독도는 우리 민족의 역사와 함께 숨 쉬어온 우리의 영토입니다. 512년 신라장군 이사부가 우산국을 정벌하여 한반도의 역사문화에 처음 편입된 이래, 조선 후기 안용복이 일본인으로부터 울릉도와 독도를 지켜낸 사건을 거쳐 수토관 이규원이 울릉도를 재개척하기에 이르기까지 수많은 이들의 역사적 발자취 속에서 독도는 우리 삶의 터전으로 자리해 왔습니다. 또한, 일본의 제국주의 침략 속에서도 독도가 우리 민족의 영토임을 굳건히 증명해왔으며 이를 통해 광복과 함께 독도를 되찾아올 수 있었습니다. 오늘날에 이르러 독도는 단순한 바위섬이 아니라 역사와 주권을 상징하는 공간이 되었습니다.

이처럼 기나긴 독도의 역사 속에서도 최종덕 선생님의 삶은 특별한 의미를 지닙니다. 이 책의 제목인 「어부지용(漁父之勇)」은 어부가 물을 두려워하지 않는 것처럼 오랜 체험에서 얻은 어부의 용기를 비유하는 말입니다. 울릉도 어민이었던 최종덕 선생님은 그간의 어업 경험을 바탕으로 독도에 정주하여 생활했으며, 독도의 주민이 되어 말그대로 '어부지용'을 관통하는 삶을 살아왔습니다. 독도 최초의 주민으로서 생업을 이어간 그의 이야기는 독도가 결코 비어 있는 섬이 아니라, 사람이 살아온 생활공간임을 보여줍니다.

이 책은 그간 독도를 설명할 때 빼놓을 수 없었던 정치·외교라는 거대 담론에서 한걸음 물러나, 개인의 경험을 엮어 독도의 생활사를 보여주는 귀중한 자료라고 할 수 있습니다. 그렇다고 단순히 어부의 개인사만 말하고 있지는 않습니다. 독도를 개척하여 삶의 현장으로 지켜온 최종덕 선생님의 의지와 정신, 그리고 그 일련의 사건들을 옆에서 지켜보았던 이 책의 저자이신 최은채 작가님의 기억이 담겨있습니다.

이번에 발간하는『어부지용』은 독도의 과거와 현재, 그리고 미래를 잇는 다리 역할을 할 것이라 믿어 의심치 않습니다. 이 책을 통해 독도가 영토로서뿐 아니라 생활공간으로 자리해 온 사실이 널리 알려지기를 바랍니다.

끝으로 최종덕 선생님의 생애와 이야기를 전해주신 최은채 작가님과 이 책의 발간을 위해 힘써주신 모든 분들께 감사의 말씀을 드립니다. 대한민국 국민 모두가 독도의 새로운 면모를 알아가고, 보다 많은 관심을 가져 주시기를 부탁드립니다. 감사합니다.

울릉군수

남 한 권

추천사 3

일본인들이 아무리 자기네 땅이라고 우겨도 독도는 엄연히 한반도의 부속도서로서 '대한민국의 영토'다. 최초 독도주민 최종덕이 독도에 거주함으로써 이를 직접 증명해주었다. 대한민국 국민인 그가 독도에 홀연히 들어가 해녀, 선원, 가족과 함께 어업활동을 하면서 독도에서 24년을 '살아냈다'는 사실 자체만으로도 독도가 대한민국 영토임을 나타내는 확실한 근거가 된다. 2가구 이상이어야 하고, 나무가 있어야 하고, 물이 있어야 한다는 다른 조건은 부수적일 뿐이다. 일찌감치 독도로 주민등록을 옮긴 것은 물론이고 부인과 딸, 손주까지 3대가 함께 독도 주민이 될 수 있도록 하지 않았는가?

어디든 처음 가는 길은 어렵고 힘들게 마련이다. 그 힘든 길을 말없이 뚜벅뚜벅 걸어간 위인을 우리는 잊지 말아야 한다. 영국속담에 "평온한 바다는 결코 유능한 뱃사람을 만들 수 없다(A smooth sea never made a skillful mariner)"는 말이 있다. 마찬가지로 독도 바다가 평온하지 않고 바람과 풍랑이 거칠었기 때문에 최종덕이라는 개척자이면서 탐험가가 탄생할 수 있었다. 그의 이름은 시대를 한발 앞서간 선구자적인 활동과 독도 사랑 덕분에 영원히 독도와 함께 기억될 것이다.

어느 사람이든 인생에 무언가 의미를 부여하려면 우선 큰 '꿈'을 가져야 하며, 꿈을 실천하는 실행력이 있어야 한다. 최종덕은 독도에 마을을 만들고 사람이 정주하는 큰 꿈을 가지고 실제 자신의 힘으로 하나씩 실천에 옮겼다. 큰 꿈은 '가족의 헌신'과 함께 타인과의 관계에서 '인간적인 배려'가 있어야 한다. 그는 가족의 희생을 바탕으로 동료 선원과 해녀, 독도경비대원의 안전을 위해 자신이 가진 시간의 대부분을 투입하는 등 인간으로서의 기본 도리를 지켰다. 큰 꿈은 그냥 생각만으로 이루어지는 공짜가 아니라 스스로 '도전'해야 하며, 도전은 사전에 철저한 준비가 있어야 한다. 그는 개척자·탐험가 그리고 발명가로서 무엇이든 창의적으로 도전해서 만들어 냈다. 큰 꿈을 이루기 위해서는 자신만이 가지고 있는 '재능'을 개발해야 하며, 열정이 이 재능을 지원해주어야 한다. 최종덕은 타고난 재능을 바탕으로 새로운 아이디어에 기술을 접목한 것은 물론 지치지 않는 열정으로 자신에게 주어진 숙명의 길을 묵묵히 걸어간 위인이다.

이 책은 독도를 사랑하는 대한민국 국민 모두가 읽어야 할 최종덕의 독도 개척사이면서 독도 생활사이다. 아직도 일본은 독도에 대한 영유권을 주장하고, 교과서에 독도가 일본 영토임에도 한국이 불법적으로 점유하고 있다는 내용을 학생들에게 가르치고 있다. 그런 일본인들에게 독도는 대한민국 국민인 최종덕이 주민등록을 옮기고 정주어업이라는 경제활동을 통해 살아낸 대한민국의 영토임을 확실하게 알려주어야 한다. 이재명대통령도 2025년 7월 3일 일본기자의 독도 영유권 분쟁 관련 답변에서 "독도 문제에 대해 논쟁이 있지만, 독도는 확실한 대한민국 영토로서 분쟁지역이 아니다"라고 명확하게 정리했다. 대한민국 국민 모두에게 일독을 권한다.

독도최종덕기념사업회 회장

박 해 선

1

독도는 외롭지 않다

1

독도는 외롭지 않다

우리나라 동해바다 중에서도 가장 동쪽! 파란 바다 위에 점점이 떠 있는 독도! 노래 가사에는 '외로운 섬'이라는 표현이 있지만, 그 섬에 어느 날부터 한 사람이 터를 잡고 살기 시작했으니, 독도는 그 사람 덕분에 더 이상 외롭지 않다.

독도는 대한민국 영토

독도는 대한민국 한반도의 부속도서로 우리의 영토에 포함된다. 울릉도 관광을 위해 방문하는 국민 대부분은 30분 정도 독도(서도가 아닌 동도이지만)를 밟아 본다. 물론 풍랑이 방해하는 경우 아예 배가 출항하지 않거나, 출항하더라도 접안(接岸)을 하지 못해 독도 땅을 밟아

보지 못하는 사람도 있다.

3대가 덕을 쌓아야만 갈 수 있다는 독도 방문은 어느 순간부터 대한민국 국민의 가슴 속에 '애국심'을 표현하는 방법의 하나로 자리매김하고 있다. 독도는 일본의 한국 침략에 대한 희생물이라는 인식이 있어서 대한민국 '독립의 상징'으로 평가된다. 바람이나 파도가 심해 독도에 내리지 못하고, 멀리서 바라만 보고 오더라도 독도가 대한민국 땅이라는 뿌듯함에 가슴이 쿵쾅거리는 것은 그런 역사적인 자존

▲독도 전경

감이 작용하는 것일 수도 있다. 한국인들이 독도에 보다 감성적으로 접근하는 이유는 일본과의 관계에서 독도 영유가 대한민국의 온전한 주권 회복으로 내비쳐지기 때문이기도 하다.

국가의 3대 요소는 영토, 국민, 주권이다. 국민이 살지 않는 '무인도(無人島)'의 경우 국가의 영토이지만, '영유권 분쟁'이 발생할 수 있다. 일본이 독도가 일본의 영토라는 주장에는 거주하는 국민이 없는 '무인도'라는 논리도 포함되어 있다. 이럴 때 우리 국민이 실제로 거주하면서, 국가에 대한 의무를 다한다면 우리나라의 주권이 미치는 온전한 영토로 인정받을 수 있을 것이다. 최종덕은 대한민국 국민이면서 독도 '주민'으로서 실제로 독도에 거주하면서 주민등록을 이전하고, 국민으로서의 의무를 이행함으로써 독도가 대한민국의 '주권'이 미치는 유인도(有人島)가 되도록 만든 최초의 인물이다.

섬은 사람의 '거주 여부'에 따라 유인도, 무인도로 구분하기도 한다. 사람이 있다고 모두 유인도가 되는 것은 아니다. 사람이 '거주'하면서 '경제활동'을 하고 있어야 유인도로 인정된다. 등대지기만 거주할 경우에는 유인도로 인정되지 않는다. 어업이나 농업을 목적으로 작업기간에만 일시적으로 거주하거나 전략상 군인이나 경찰만이 주둔하고 있는 도서도 제외된다. 또한 유인도는 섬에 '사람이 거주'하여야 하고, '식수'가 있어야 하며, '나무'가 자라야 한다는 조건이 붙기도 한다. 이 세 가지 조건 가운데 어느 하나라도 충족시키지 못하면 유

▲최종덕 독도 배경 사진

▲외부인의 독도 방문

인도가 될 수 없다. 독도에 나무는 존재하고 있었기 때문에 유인도가 될 수 있는 '사람이 거주하고, 식수가 있어야 한다'는 조건을 충족시킨 사람이 바로 최종덕이다.

최종덕의 독도 정주어업 시작

일제강점기(日帝強占期) 시절에 태어난 최종덕의 울릉도와 독도의 인연은 1987년 목숨이 다하는 순간까지 계속되었다. 1963년 3월 최종덕은 독도 첫 입도를 시작했고, 1964년부터 본격적인 어업활동을 개시한 후 세상을 떠나는 날까지 독도와 함께 했다. 물론 그가 최초로 독도를 탐험하고 개척한 것은 아니다. 독도는 아주 오래 전부터 울릉도 주민들의 중요한 어장(漁場)이었기 때문이다. 그러나 최초 독도주민으로서 정주어업을 시작하고, 거주 생활을 한 사람은 최종덕이다.

최종덕이 왜 독도로 향했는지 정확히 알 수는 없다. 아마도 선구자(先驅者)적인 혜안으로 독도의 수산물이 잠재적인 가치가 있다는 것을 알고 사업가적 관점에서 시작되었다는 추측이 가능하다. 독도의 미역, 전복, 소라, 문어, 해삼 등이 돈이 된다는 것을 직감적으로 느꼈을 수도 있다. 우리가 알고 있는 내용의 상당부분이 왜곡되고 잘못 알려진 부분도 있다. 특히 사실 확인 없이 신문이나 방송 등 언론을 통해 많은 왜곡(歪曲)이 이루어졌으며 독도이장이었던 K씨의 일방적인 주장만을 담아 보도한 내용이 와전(訛傳)되기도 했다. 울릉도에 살았던 많은 주변 사람들과 당시 함께 독도에서 일했던 여러 해녀, 그리고 인부들이 K씨의 주장은 사실이 아니라는 증언을 하고 영상 인터뷰를 통해 기록을 남겨 두었다. 지금이라도 잘못 전달된 독도의 현대사를 바로 잡는 것이 독도를 알리고 지키려했던 최종덕의 꿈을 이어나가는 길이다. K씨가 독도에서 생활하게 된 계기도 최초 주민 최종덕과 인연을 맺게 된 덕분이기도 하다.

유엔해양법협약 제121조 제3항과 인간의 거주

국제법상으로 섬 제도는 '사람이 살며 경제활동이 가능한 섬(island)'과 '그렇지 못한 암초(rocks)'로 구별된다. 섬은 EEZ(exclusive economic zone, 배타적 경제수역)가 인정되지만 암초는 EEZ를 인정하지 않는 것이 원칙이다. 1982년 4월 채택된 유엔해양법협약 제121조 제3항의 "인간의 거주 또는 독자적 경제생활을 지탱할 수 없는 암초는 배타적 경제수역 또는 대륙붕을 가질 수 없다(Rocks which cannot sustain human habitation or economic life of their own shall have no exclusive economic zone or continental shelf)"는 규정을 통해서 인간의 거주는 물론 독자적 경제생활을 영위할 수 있는 암초라면 동 제121조 제1항의 섬(islands)이라는 요건을 충족하면서 12해리 영해와 함께 배타적 경제수역과 대륙붕을 가질 수 있다고 보아야 한다. 사람이 거주하는 섬은 무인도가 아니라 유인도이다. 유인도가 되기 위한 조건으로서 첫째, 수목이 있어야 하고, 둘째 식수가 나와야 하고, 셋째 상주인구가 2가구 이상이 되어야 한다는 주장이 있지만, 1982년의 유엔해양법협약에는 이에 대한 아무런 규정도 두고 있지 않다.

유인도의 조건으로서 첫째, 수목이 있어야 한다는 조건의 측면에서 보면 독도에는 동도의 천장굴 주변에 있는 수령 100년 이상 된 사철나무는 구한말 우리 어민들이 울릉도에서 가져가 직접 심었다는 이야기가 전해지고, 조류의 배설물에 의해 저절로 자란 것이라는 보고서도 존재한다. 영남대학교 독도연구소 박선주 연구팀과 대구지방환경청의 '2010 독도 생태계 정밀조사' 결과 독도와 일본에 분포

▲물골 속 물탱크 모습

하는 사철나무가 제주도와 전남 여수에서 전파·확산된 것으로 확인되었다는 점과 소나무 화분 등의 발견으로 인해 독도에 수목이 존재한다는 것이 확인되었다. 독도를 드나들었던 거문도 주민들의 경우 울릉도에서 배를 만들 때 독도의 나무를 나무못으로 만들었다는 증언을 하고 있는 것으로 보아 독도에는 수목이 있었고, 그것을 이용한 흔적이 확인된다.

유인도의 둘째 조건으로 들고 있는 식수의 경우 독도에는 '물골'이라는 샘이 존재하고 있다. 한국과 일본의 자료에는 역사적으로 독도에 담수(淡水)가 존재한 것이 기록되고 있을 뿐만 아니라, 현재 서도에 담수가 모이는 물골의 물을 식수로 사용할 수 있다. 독도 최초 주민 최종덕은 1964년부터 물골에서 생활하면서 시멘트 등을 활용하여 인공적으로 물을 가둘 수 있는 저수시설을 만들어서 안정적인 식수원(食水原)을 확보하여 사람들이 상주(常住)할 수 있는 조건을 스스로 마련하였다.

사람의 거주(human habitation)는 상주인구의 존재를 의미한다. 그 요건으로서 2가구 이상, 또 50 명 이상의 거주를 필요로 한다는 주장이 있지만 근거가 명확하지 않다. 그 보다는 대한민국 정부가 주민등록법상 최종덕과 그 가족을 독도 주민으로서 전입하도록 허용했다는 점이 2가구 이상, 또 50명 이상의 거주보다 중요한 의미를 가진다.

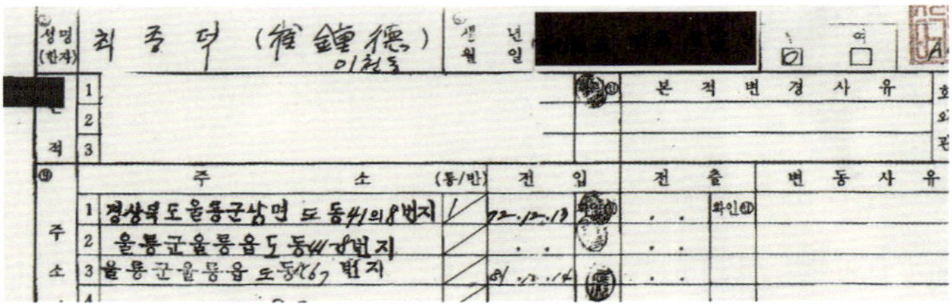

성명(한자)	최 종 덕 (崔鍾德) 이천도	생년월일	[가림]	
본적	1		본적변경사유	
	2			
	3			

	주소	(통/반)	전입	전출	변동사유
1	경상북도울릉군남면 도동41의8번지	1	72. 12. 13	. . 확인	
2	울릉군울릉읍도동41-8번지		. .	. .	
3	울릉군울릉읍 도동산67 번지		81. 10. 14	. .	

▲최종덕 주민등록초본

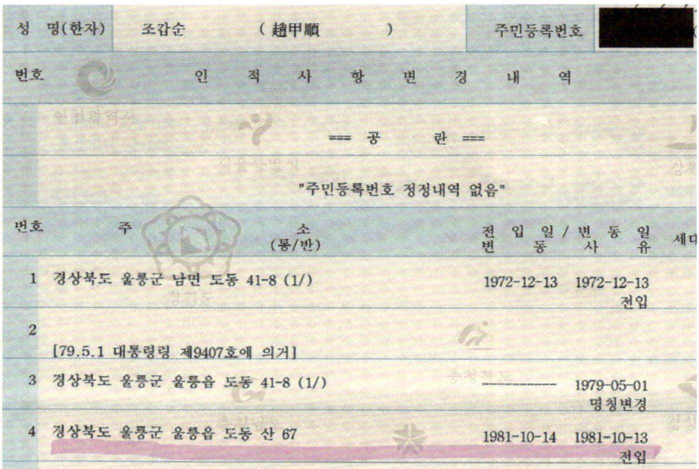

성 명(한자)	조갑순 (趙甲順)	주민등록번호	[가림]

번호 인 적 사 항 변 경 내 역

=== 공 란 ===

"주민등록번호 정정내역 없음"

번호	주 소 (통/반)	전입일 / 변동일 변동사유	
1	경상북도 울릉군 남면 도동 41-8 (1/)	1972-12-13	1972-12-13 전입
2	[79.5.1 대통령령 제9407호에 의거]		
3	경상북도 울릉군 울릉읍 도동 41-8 (1/)	----------	1979-05-01 명칭변경
4	경상북도 울릉군 울릉읍 도동 산 67	1981-10-14	1981-10-13 전입

▲조갑순 주민등록초분

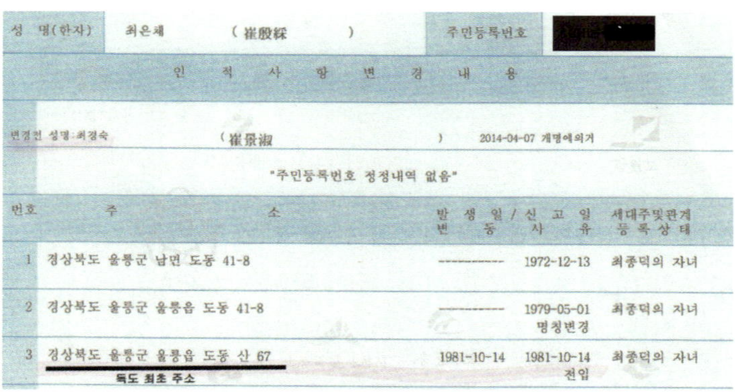

성 명(한자)	최은채 (崔殷綵)	주민등록번호	[가림]

인 적 사 항 변 경 내 용

변경전 성명: 최경숙 (崔景淑) 2014-04-07 개명에의거

"주민등록번호 정정내역 없음"

번호	주 소	발생일 / 신고일 변동사유		세대주및관계 등록상태
1	경상북도 울릉군 남면 도동 41-8	----------	1972-12-13	최종덕의 자녀
2	경상북도 울릉군 울릉읍 도동 41-8	----------	1979-05-01 명칭변경	최종덕의 자녀
3	경상북도 울릉군 울릉읍 도동 산 67 독도 최초 주소	1981-10-14	1981-10-14 전입	최종덕의 자녀

▲최은채 주민등록 초본

최종덕 가족의 독도 전입

대한민국 국민은 주민등록법에 따라 '주민등록'을 해야만 한다. 1962년 5월 10일 주민등록법이 제정되고 6월 20일부터 시행됐다. 그리고 6년 뒤인 1968년 법이 개정돼 사람들이 주민등록증을 소지하고 다니게 했다. 최종덕은 1964년부터 독도에 생활의 근거지를 만들었지만 한동안 독도에 주민등록을 옮기지 못했다.

1977년부터 독도로 주민등록을 이전하기 위해 많은 노력을 했고, 1981년 10월 14일에서야 정식으로 독도 전입(轉入)이 받아들여져 법적으로도 '독도 주민'이 되었다. 그의 아내와 딸 최은채(1964년 출생, 당시 만 18세, 개명 이전에는 최경숙)도 이때 독도 주민이 되어 법적으로 1가구 3인 가족이 독도에 거주하면서 경제활동을 하게 된 것이다. 그 증거로 최종덕, 아내 조갑순, 딸 최은채의 주민등록초본 자료가 존재한다.

"나는 내 운명의 주인이요, 나는 내 영혼의 선장이다(I am the Master of my Fate, I am the Captain of my Soul)"라는 문구는 인빅터스(Invictus)라는 시(詩)에 나오는 구절이다. 최종덕은 '운명의 주인'으로서 독도에 정착했고, '영혼의 선장'으로 독도를 사람이 살 수 있는 마을로 가꾸었다. 그는 독도에 주민등록을 옮긴 후 제주해녀들한테도 독도로 주민등록을 전입하도록 설득했음이 제주해녀 고순자의 증언을 통해 알 수 있다. 고순자는 1973년부터 1991년까지 독도에서 조업을 하면서 일시적이지만 1984년과 1987년 두 차례나 독도로 주민등록을 옮기기까지 했다.

최종덕의 거주와 경제활동을 통한 실효적 지배

최종덕은 독도에 사람이 사는 '마을'을 만든다면 그것이 '실효적 지배(effective control)'의 요건이 된다는 것을 인식하고 있었다. 1982년 4월 '유엔해양법협약'이 채택되기 이전인 1981년에 대한민국 정부에서도 독도에 살고 있었던 최종덕의 독도 전입을 허용하여 독도에 주민이 거주하고 있음을 공식적으로 인정했다. 또한 1964년부터 최종

▲70년대 함석집(측면)

덕은 독도에서 독자적 경제생활을 하면서 독도경비대원들이 생활하는데 물심양면으로 지원했다. 1982년 4월 채택된 '유엔해양법협약'을 적용한다면 1982년 이전에 인간의 거주 또는 독자적 경제생활을 지탱할 수 있는 섬으로서의 자격요건을 독도에 부여하였다는 의미를 갖는다. 그런 점에서 최종덕으로 인해 독도는 배타적 경제수역 또는 대륙붕을 가질 수 있는 조건을 1982년 이전에 이미 구비하고 있었다. 경찰 인력이나 등대 관리원 등 정부 파견인력은 '인간의 거주' 요건에 포함되지 않는다는 주장도 있기 때문에 최종덕의 독도 거주가 아주 중요한 의미를 가질 수밖에 없다. 그는 제주해녀들과 울릉도의 주민들을 고용하여 독도에서 정주어업을 했으므로 2가구 이상의 조건도 구비했다고 볼 수 있다.

최종덕은 독도에 상주해서 사람이 살 수 있는 '주택'을 처음으로 지었다. 그 이전에 독도에 들어갔던 사람들은 한 철 지낼 수 있는 임시 움막을 짓거나 물골에서 생활하였다. 최종덕도 처음에는 물골에 움막집으로 시작했다. 함석과 슬레이트를 활용한 토담집 형태의 주택을 짓고, 더 나아가 시멘트 집과 창고, 건조장 등 생활시설도 만들었다. 또한 물골로 넘어가는 계단을 만들어 항구적인 생활 여건을 독도에 처음 마련하였다. 결국 그의 독도에서 삶이 있었기 때문에 그 이후 지금까지 독도에 주민이 지속적으로 거주할 수 있다고 보아야 한다.

평범한 사람들이 무언가 하나를 이루기 위해서는 3년 정도의 기본적인 기간과 10년 정도의 안정을 위한 기간이 필요하다. 3년 정도 노력하면 새로운 것에 입문하여 어느 정도의 가시적인 성과가 나타나고 10년 정도 꾸준하게 노력하면 그 분야의 전문가가 될 수 있다. 3년의 법칙, 10년의 법칙이 존재하는 이유이기도 하다. 최종덕은 무려 24년 이라는 긴 세월을 독도에 사람이 사는 꿈을 이루기 위해 밤잠을 줄여가며 연구하고 노력했다. 10년이면 강산이 변한다는 말도 있듯이 강산이 2번 이상 바뀌는 시간을 독도에 투자한 것이다. 독도가 현재는 외롭지 않은 것은 바로 최종덕의 노력 덕분이다.

▲독도 최초로 지은 집(어민보호소)

2

독도는 살아있다

2

독도는 살아있다

역사속의 독도는 다양한 이름을 갖고 있다. 한반도 동쪽 바다를 호령하던 해상왕국 우산국, 무릉도와 함께 우리의 영토로 기록된 우산도, 한반도 동쪽 바다 가운데 있는 삼봉도, 수많은 바다사자들의 서식처였던 가지도, 그리고 현재의 독도! 독도는 역사 속에 살아있는 대한민국의 영토이다. 『삼국사기』에는 512년 우산국이 신라에 복속되었다고 기록하고 있으므로 이로 인하여 울릉도와 독도는 한반도에 편입되었음을 알 수 있다. 울릉도에서 독도의 거리는 약 87.4km이다. 1900년 대한제국 칙령 제41호에 의해 '석도'가 되었다가, 1906년 울도군수 심흥택의 보고 이후로 독도라는 명칭이 굳어졌다.

조선시대 울릉도 쟁계

독도가 지금의 그 자리에 있었다는 사실은 옛 문헌에 많이 등장한다. 우리가 잘 알고 있는 『세종실록지리지』를 비롯하여 『신증동국여지승람』, 『강계고』, 『동국여지승람』, 『동국문헌비고』, 『만기요람』 등등 기록이 존재한다. 이런 문헌보다 더 중요한 사실은 울릉도에서는 독도가 사람의 눈으로 직접 볼 수 있다는 사실이다. 울릉도 사람들은 오래 전부터 독도의 존재를 인식하고 있었고 독도 주변에서 어업활동을 해왔기 때문에 우리 바다에 있는 울릉도의 부속도서로써 독도를 인식하는 것은 당연한 일이었다.

『세종실록지리지』 삼척도호부 울진현조에는 "우산(독도)과 무릉(울릉도) 두 섬은 울진현의 정동쪽 바다에 있다. 두 섬은 서로의 거리가 멀지 않아 날씨가 맑으면 바라볼 수 있다."는 기록이 남아있다. 그렇다면 울릉도와 독도에서 서로 바라본 사람들은 어디에서 온 사람일까? 『조선왕조실록』을 살펴보면 삼척 등지의 동해안 여러 지역에서 울릉도, 삼봉도, 요도 등을 보았다는 기록이 보인다. 그들은 호기심 때문에 울릉도에 갔을 것이고, 울릉도에서 볼 수 있는 독도에까지 건너갔을 것이다. 그런 경험이 『세종실록지리지』 삼척도호부울진현조에 기록되었다고 보아야한다. 그 옛날 우산국 사람들은 바로 한반도에서 건너간 사람들일 것이라는 추측이 가능하고, 그들의 영역 안에는 눈에 보이는 독도가 포함되었을 것이다. 다만, 그것을 명확하게 증명해주

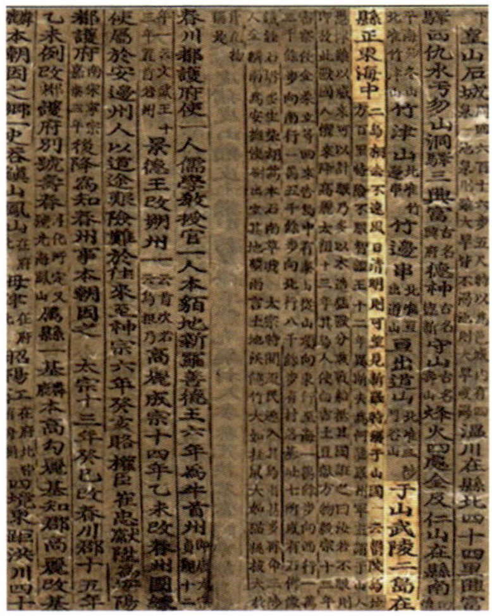

▲『세종실록』「지리지」(1454년)

[번역문]

우산(于山)과 무릉(武陵) 두 섬이 현의 정동쪽 바다 가운데 있다.
두 섬은 서로 멀리 떨어져 있지 않아, 날씨가 맑으면 바라볼 수 있다.
신라 때에 우산국 또는 울릉도라 하였다.

[원문]

于山武陵二島在縣正東海中
二島相去不遠 風日淸明 則可望見
新羅時 稱于山國 一云鬱陵島

는 자료는 남아 있지 않다.

독도에 들어간 사람의 이름은 조선 중기까지 전해지지 않고 있다. 조선후기에 들어오면서 안용복, 박어둔 등이 울릉도에 들어갔다가 일본 어부들에 의해 일본으로 납치된 사건이 일어난 것이 계기가 되어 조선과 일본에서 '울릉도 쟁계(일본에서는 竹島一件)'가 발생했다. 숙종 때 조선과 일본 사이에 울릉도와 독도의 영유권 논쟁이 발생한

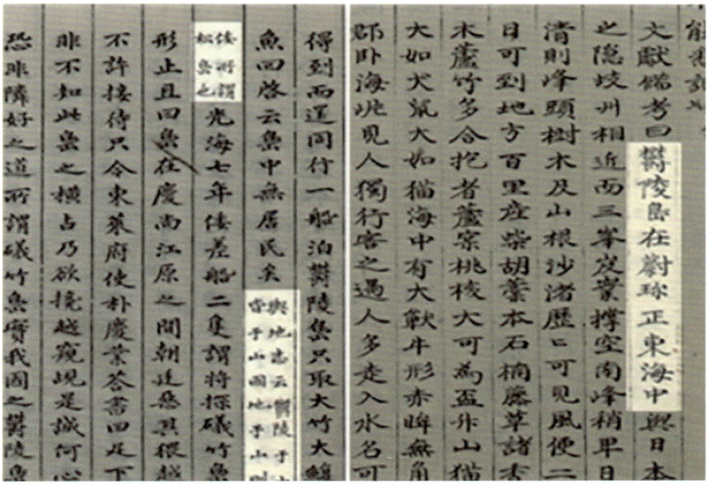

▲『만기요람』(1808년)

[번역문]

울릉도가 울진 정동쪽 바다 가운데 있다.
여지지에 이르기를, 울릉과 우산은 모두 우산국의 땅인데, 우산은 일본이 말하는 송도(松島)라고 하였다.

[원문]

鬱陵島在蔚珍正東海中..
輿地志云 鬱陵于山皆于山國地 于山則倭所謂 松島也

것을 말한다. 두 차례에 걸쳐 일본을 오갔던 안용복의 활약으로 결국 에도 막부가 울릉도와 독도가 조선의 영토라는 것을 재확인하면서 종결되었다.

조선시대 우리나라와 일본에서 독도에 들어온 사람들은 대개 봄철에 울릉도에 들어와 주로 울릉도에서 생활하면서 간간이 독도에 가서 어채활동을 하다가 울릉도로 가을철에 돌아갔다. 일본 사람은 울릉도로 가는 도중에 잠시 들르는 정박장, 어채지에 불과하였다. 일제 강점기 독도에서 강치잡이에 나선 일본 어부들 역시 울릉도를 거점으로 하면서 약 10일 정도만 독도에서 강치잡이를 했을 뿐이다.

일본의 억지주장과 최종덕의 어업활동

일본은 6.25 전쟁 중인 1953년부터 본격적인 독도 침탈의 야욕을 드러냈다. 대한민국 정부는 1954년이 되어서야 독도경비대를 창설하여 국가 정책에 의해 독도 상주경비가 시작되었다. 독도 경비는 군대가 아닌 경찰이 담당했다. 이는 치안을 책임지는 경찰이 맡는 것이 명백한 우리 영토임을 나타내는 중요한 의미를 가진다. 지속적으로 독도가 일본 땅이라고 우기는 것을 보고 울릉도 주민 최종덕은 독도에 들어가 정주해서 살기를 결심한다. 그는 "독도가 우리 땅이 되려면 사람이 들어가서 살아야 된다. 그래야 일본 놈들이 자기들 땅이라고 우기지 못한다."라는 말을 주변 지인들에게 자주 이야기했다. 당시 울릉도 주민들의 기억은 최종덕이 주변사람들에게 "내가 먼저 독도에 들어가 살고 있을 테니 자네들도 들어와 같이 살자"라는 이야기를 자주하며 독도의 현실에 안타까움을 표현했다고 한다.

최종덕은 이런 의식을 가지고 울릉도 주민들을 설득하며 독도의 중요성을 알리려고 노력했다. 하지만 울릉도 주민들의 대부분은 단순히 독도를 그냥 울릉도에 딸린 어장 정도로만 생각하고 있었고 우리 영토, 우리 바다의 중요성에 대해서는 정확하게 인식하지 못했다. 당시 울릉도의 상황은 도로도 제대로 정비되지 못했고 사람들이 다니는 길도 작은 수레하나 지나갈 정도로 낙후된 지역이었다. 어선 역시 작고 낡은 배들이 대부분이라 독도를 마음 편히 다닐 수 있는 상황은 아니었다. 또한 독도로 가기위해서는 노력과 시간이 많이 필요했고 위험성도 크게 따랐기 때문에 대부분의 울릉도 주민들은 근해에 어로활동을 하는 것이 대부분이었다. 독도에서 어로활동을 하는 사람은 소수에 불과했다. 당시 울릉도에서 독도까지 10시간에서 12시간이 걸렸다. 어족자원이 풍부한 것은 알고 있었지만 독도에 다녀오려면 꼬박 하루가 걸렸다. 뿐만 아니라 거센 파도와 언제 변할지 모르는 바다의 기상상황과 위험성을 알고 있는 울릉도 사람들은 독도로 향하는 것을 편하게 생각할 수 있는 상황은 아니었다. 울릉도 앞 바다에만 나가도 먹고 살 만큼의 수익은 올릴 수 있으니 애써 그 먼 곳까지 가려는 마음이 들지 않았을 수도 있다. 독도는 마음만 먹으면 바로 갈 수 있는 곳도 아니었다. 독도에 도착해서 바로 울릉도로 돌아와야 하루라는 시간 안에 다녀올 거리라서 조업이나 채취를 할 것 같으면 최소 1박 2일은 잡아야 다녀올 수 있는 곳이기 때문이다. 이런 상황에서 독도를 중요하게 인식을 할 수 있는 여유가 없었을 것이리라. 당장 고기를 잡고 오징어를 말려 하루하루 생활 해야만 하는 힘든 시기에 국가나 영토의 문제는 남의 일처럼 치부되었을 것이다. 그런데 최종덕은 1960년대 독도에 들어가 삶의 터전을 만들고 사람이 살 수 있는 유인도로 만들었다. 아무나 할 수 없었던 일을 혼자의 힘으로 일궈냈고 독도가 우리의 영토이고 우리 후손들에게 물려줄 소중한 땅임을 세계에 알리는 대단한 일을 외로이 해낸 것이다.

최종덕의 독도 초기 생활

최종덕은 초창기 1963년 처음 독도를 탐사를 한 후, 1964년의 경우 3월 초에 독도에 입도하여 5월 초에 나와 2개월 정도만 머물렀고, 1965년은 10월 말에 독도에 입도하여 이듬 해 4월 초에 울릉도로 나왔다. 이후 1979년까지 10월말에 독도에 들어갔다가 이듬해인 4월에 나오다가 그 기간이 늘어나 6월초까지 독도에서 생활하여 7~8개월 독도에서 머물렀다. 1980년부터는 9월 말에 독도에 들어가 6월 말에 나옴으로써 약 10개월간 독도에 살았다. 이전에 독도에 잠시 머물렀던 사람들과는 달리 초가을에 독도에 들어가서 겨울을 지내고 늦은 봄까지 생활한 것이다. 약 10개월 독도에 머물렀다는 점에서 독도에서 일상적인 생활을 영위한 최초의 인물이라고 할 수 있다. 연중 독도에 머물지 않았던 시기는 7~8월 약 2개월에 불과하였다. 이 시기는 독도에 서식하는 깔따구(독도 모기)의 극성과 수중 생태 여건, 바람과 태풍 등으로 인해 울릉도에서 생활할 수밖에 없었다.

1967년 현재의 어민 숙소자리에 토담을 쌓고 슬레이트를 얹어 집을 지어 덕골로 이사하면서 안정된 기반을 만들었다. 그리고 1970년대에 접어들어 독도에서의 삶이 안정되면서 덕골 산중턱에 문어 건조장의 건립, 전복 양식 배양법의 개발, 특수어망 제작, 수중 양식장 개발 등 어업에 대한 전문가, 발명가가 되어 점차 독도에 적응하게 되었다.

1980년 이후 정부가 독도의 실효적 지배를 위한 동도 공사를 하는 일이 많아 5월부터는 주로 독도 공사에 참여하면서 대부분 공사는

▲1974년도 서도 집과 덕진호의 모습

최종덕에 의해 건설되었다고 평가할 정도로 독도의 생활시설과 군사 시설 마련에 최종덕의 손길과 땀이 많이 배어 있다.

독도주민의 삶을 살아간 최종덕은 일본의 독도 망언에 대해서 더욱 관심을 갖게 되었다. 그는 어부에서 독도주민으로서 자긍심을 가

▲1982년도 서도 집 앞(최종덕과 딸 최은채)

지고 '독도수호자'라는 인식을 확고하게 가지게 되었다. 그는 독도에 사람이 살아야 한다는 일관된 생각을 가지고 확실한 독도주민으로 인정받기 위해 오랜 노력 끝에 1981년 주민등록을 독도로 옮김으로써 3인 일가족이 독도 제1호 주민이 된 것이다.

『엔트로피(Entropy)』라는 책은 다음과 같이 적고 있다. "지금까지 문명과 문화의 발달은 0.1%의 창의적인 인간이 다른 사람은 생각하지 못하는 것을 생각하고, 다른 사람은 꿈꾸지 않는 것을 꿈꾸며, 모두가 보지 못하는 어두운 곳에 깃발을 꽂고 이곳이 젖과 꿀이 흐르는 새로운 땅이라고 외치면, 0.9%의 안목 있는 인간만이 그것을 알아보고 그들과 협력하고 후원하며 새로운 문명을 건설한 결과다. 나머지 99%는 이 1%가 모든 것의 기초를 닦고, 새로운 계단을 놓고 난 다음에야 비로소 그 위에 올라와 세상 참 많이 달라졌다는 감탄사를 연발하며 또다시 그곳에 안주한다." 최종덕은 0.1%의 창의적인 개척자로서 독도에 정착해서 이곳이 대한민국 영토라는 것을 온 세상에 알렸다.

최종덕의 독도어장 채취권 획득

최종덕의 1964년 독도 입도는 '물골'에서 잠정 거주형태로 이루어졌으며, 이때 그는 물골에서 5~60일간 거주하면서 물골이 사람이 거주할 수 있는 충분한 수량을 갖고 있다고 생각하였다. 그리고 독도에서 생활하기 위한 방편으로 독도어장 채취권을 확보하는데 노력을 기울였다. 결국 1965년 3월 울릉군 수협 도동어촌계로부터 독도 공동어장 채취권을 획득하자 곧바로 독도에서 삶의 둥지를 틀기 시작하였다.

울릉도 및 동해안 어민들이 독도를 중심으로 조업하는 구역은 크게 독도 마을어장에서 이루어지는 어업구역과 근해, 그리고 동해퇴(대화퇴)어장으로 구분된다. 전통적으로 어촌 주민들은 마을어장에 대해 마을어업권을 행사하는 주체였다. 그들은 이 권리를 '배타적 물권'으로 간주하였다. 1962년 수산업협동조합법이 제정되면서 어촌계가 마을어장을 관리·운영하게 되었다. 울릉도 어민들에게 있어서 독도는 윗대 조상들이 노를 젓는 강고배(傳馬船, 일명 뗏마)로 조업을 하였던 주요 어로구역이었지만 어촌계가 마을어장을 관리 운영하게 되면서 도동어촌계 어장구역의 하나가 되었다. 면허어업에 속하기 때문에 독도 어장에 대한 어업권 행사를 위한 행정적 절차를 거쳐서 신고가 완료되어야 법적인 권한을 부여받을 수 있었다.

도동어촌계에서 관리하는 독도는 마을어업과 협동양식어업이 이루어지는 구역으로 나뉘어져 있다. 독도가 마을어장으로 인가된 과정을 보면 1965년 2월, 경상북도에서 '경북면허 830호'로 독도 단독 마을어장으로 인가하였다. 어업권자는 '울릉군수산업협동조합'이었다. 그렇지만 독도어장은 1957년부터 울릉군 도동어촌계 관할이었다. 그것이 1965년에 추인된 것으로 보인다. 1957년 이후 독도 공동어장은 입찰을 통해 1년 단위로 개인에게 어업채취권이 부여되었다. 도동어촌계의 내부 자료에 "이전 독도 입도자는 행사료 지불 후 입어했다"고 한 기록이 보이는데, '행사료'는 일종의 입찰금 개념으로 이해할 수 있다. 당시 독도 어업채취권은 해마다 다른 사람이 취득하였다. 따라서 이때 독도에 들어가 어업활동을 한 사람들은 굳이 독도에 정주공간을 마련하거나 편의시설을 갖추려는 노력을 보이지 않았다.

최종덕의 TV 증언에 의하면, 1964년 2월 초에 독도에 들어가 5월 초에 나왔고, 이듬해 역시 2월 초에 입도하여 6월 말에 나왔다는 장면이 있다. 이 시기를 음력으로 본다면 3월~7월 사이에 독도에서 미역 채취가 이루어졌다고 볼 수 있다. 이 시기를 음력으로 보는 이유는 1964년 2월 초에서 6월 말까지 독도에 있은 것으로 기록되지만 1965년 3월에 독도 어업채취권을 도동어촌계로부터 얻었다. 그가 이때 독도에 있었다면 불가능하기 때문에 이때의 독도 어업일자의 경우 음력이었다고 생각되기 때문이다. 최종덕이 독도 어업채취권을 1965년 3월 획득한 이후 장기 거주를 위한 시설을 갖추게 되었다. 도동어촌계의 자료에 의하면 독도어장이 어떻게 운영되었는가를 알 수 있고, 최종덕이 언제부터 독도 어업채취권을 갖게 되었는가를 알 수 있다.

독도어장

- 어 업 권: 경북면허 128호(도동어촌계 공동어장 185.4ha 중 140ha 차지
- 어업권자: 울릉군 수협 도동어촌계(공동어장 운영)
  ※ 종전 입어자 : 행사료 지불 후 입어
  - 1965년 3월 ~ 1987년 9월 : 최종덕
  - 1987년 3월 ~ 1991년 10월: 조준기(최종덕의 사위)
  - 연간 입어료: 2백만원(연간 생산량: 25톤, 30백만원)
  - 조업어선: 독도사랑호, 2.49톤(종전: 덕진호 1.99톤)
    * 독도사랑호는 1991년 건조하였으며, 소유자는 서유석
  - 1991년 11월 1일 이후: 도동어촌계 직영
  - 연간 생산: 7 M/T 60,795천원
  - 조업 어선: 명성호 208톤, 승선원: 김성도외 3명

1965년 3월~1987년 9월 사이에 최종덕은 독도어장 채취권을 갖고 있었다. 1987년 갑작스럽게 사망한 이후, 독도어장에 대한 운영권은 사위 조준기가 승계 받았지만, 이후 도동어촌계와 입어료를 둘러싼 견해차이로 인해 1991년 이후부터 도동어촌계에서 직영으로 관리하고 있다.

최종덕은 독도에서의 어업채취권을 얻어 23년 동안 미역, 전복, 소라 등을 채취하면서, 양식 사업을 위해 서도의 해안에 3채의 움막

을 짓고 생활할 수 있었던 것은 울릉군수협 도동어촌계로부터 권리를 부여받았기에 가능한 일이었다. 독도 어업채취권을 획득한 그는 5년 마다 도동어촌계에 입어료를 납부하였다. 1991년 이후 사위 조준기가 재계약을 하려 했으나, 도동어촌계가 입어료를 대폭 인상하는 조건을 제시해서 협상이 결렬되고 가족 모두 독도를 떠날 수밖에 없었다. 연간입어료를 2백만원에서 5백만원으로 2.5배 올리고, 계약기간도 5년에서 2년으로 대폭 줄이자는 조건은 당시 상황으로 봐서 무리한 요구였다.

▲물골 속에 파도가 들어가는 것을 막는 방어막을 설치함

최종덕의 독도 물골 정비

왜 최종덕은 물골을 정비하였을까? 절해고도인 독도에 비바람을 피하고 식수를 얻을 수 있는 유일한 곳이 바로 물골이기 때문이다. 물골이 있는 서도 북사면 해변은 활처럼 휜 작은 만(灣)을 이루고 있기 때문에 샘이 있는 물골을 끼고 생활할 수밖에 없었다. 물골은 물골 상류의 조면안산암(粗面安山岩)에 내린 강수가 토양층의 두께가 비교적 두꺼운 계곡과 조면안산암에 발달한 절리(節理, joints)를 따라서 하류로 이동하다가 응회암(凝灰巖)에 도달하여 더 이상 하류로 이동하지 못하고 응회암과 조면안산암의 경계를 따라 물골의 동굴 열린 공간으로 이동하여 모인 것이다. 물골의 경우 하루 약 400리터 혹은 1,000리터 정도 취수(取水)된다는 기록이 있지만 장기간에 걸쳐 그 수량을 측정한 결과는 아니다. 독도에서 식수는 거기에서만 얻을 수 있는 상황에서 거주할 수 있는 최적지였을 것이다. 독도의용수비대의 경우도 독도를 지키기 위해 처음 물골에 주둔하였다. 독도의용수비대가 동도로 옮기게 된 이유는 물골이 해안가에 있어서 파도를 피할 수 없다는 이유가 가장 컸다. 또한 물골은 북쪽 일부로 시야가 제한되어 일본 어선과 해상보안청 순시선을 관측하는데 어려움이 많았기 때문이다.

독도의용수비대나 독도경비대의 입장과는 달리 당시 독도에서 미역 채취 등을 위해 독도에 들어간 사람들과 해녀들이 일시적으로 생활하던 곳이며 장기적으로 사람이 거주할 수 있었던 공간은 아니었다. 먹을 물도 귀했고, 잘 공간도 없었다. 갖추어진 시설이라고는 찾아볼 수 없었고, 변덕스러운 날씨로 인해 육지로부터 음식조달이 편한 것도 아니었다. 그런 상황에서 식수와 동굴로 이루어진 자연조건을 갖춘 물골이 임시로 머무는 장소였다.

독도의용수비대가 독도를 지키던 시절에 제주해녀들도 동도에 사는 수비대원들과는 달리 서도의 물골에 거주했다. 물골에 솟아오른 물을 작은 바가지를 이용하여 밥을 해 먹으면서 물을 아꼈다. 그들은 물골의 자갈밭에 가마니 몇 장을 깔고 얄팍한 야전용 군인 담요를 덮고 잤다. 여기저기에 튀어나온 돌 때문에 등이 배겨 그 돌을 고르느라 잠을 설치기 일쑤였다. 그들은 대개 한 달 정도, 길게는 두 달 정도 독도에 살았기 때문에 힘들지만 그렇게 물골에서 견뎌낼 수밖에 없었다.

최종덕은 이전에 독도에 단기간 들어왔던 사람들과는 달리 장기간 살아갈 준비를 했다. 그러기 위해서는 안정적 식수의 확보와 주거시설 마련을 하지 않을 수 없었기에 물골을 인공적으로 보수했다. 최종덕은 거주를 위해 물골에 터를 잡고 주거시설과 샘솟는 물을 저장하기 위한 웅덩이를 만들기 시작했다.

3

어부지용(漁夫之勇)

최종덕이 간직한 꿈

3

어부지용(漁夫之勇)

최종덕이 간직한 꿈

"어부지용"은 동양고전『장자(莊子)』에서 유래된 사자성어로 어부가 물을 두려워하지 않는 것처럼 '오랜 체험에서 얻은 어부의 용기'를 비유하는 말이다. 울릉도 어민이었던 최종덕은 자신의 어업 지식을 기반으로 독도에 정주하여 생활했으며, 독도 최초 주민이 된 인물로서 어부지용이라는 사자성어를 관통하는 삶을 살았다.

어부지용의 삶을 살아 낸 최종덕의 꿈

왜 최종덕은 독도를 사람이 사는 마을로 만들려 노력했는가? 젊은 시절 독도에서 함께 생활했던 딸과의 대화를 재구성해보자.

최은채 구술 에피소드

'아버지, 왜 이 고생을 하면서 독도에 계시는지?'

'음! 지금 너희들 눈에는 아무것도 아닌 것 같이 보이지만, 훗날 내가 여기에서 터를 잡고 살고 내가 주민으로 살았던 게 얼마나 국가적으로 큰 가치가 있는지 내가 죽고 난 뒤엔 알거다. 나는 한반도 반을 준대도 독도하고 안 바꾼다.'

'이렇게 하지 않아도 울릉도에서 진짜 크게 부자소리 들으면서 등 따시게 살 수 있었을 텐데, 왜 구태여 독도까지 와서 이 고생을 하세요?'

'내 꿈은 독도에 사람들이 함께 어울려 사는 마을을 만드는 것이란다.'

꿈은 이루어서 자신에게 선물하는 것이 인생에 대한 '예의'이다. 자신의 꿈을 이루어서 국가에 헌신하는 것은 역사에 길이 남을 위대한 '선물'이다. 최종덕은 어부지용의 꿈을 독도에서 실천해 자신에 대한 예의를 지킨 것 말고도 대한민국에 독도가 우리 땅이라는 '역사적인 선물'을 해줬다. 딸 최은채의 증언에 의하면 최종덕은 독도에 5가구 이상이 거주하는 공간을 만들어서 어촌계를 구성하는 것은 물론이고, 집 앞 물속 바위 너덜지대에 H빔을 이용한 호텔도 세워 관광객들이 올 수 있도록 큰 그림도 구상을 했었다고 한다. 더 나아가 학생들에게 독도에서 생생하게 독도의 실상을 알리는 교육에도 관심을 가지고 있었다.

정착 초기 움막집 생활

최종덕은 독도 정착 초기부터 샘이 있는 물골에 움막집을 지어 생활하였다. 이곳은 서도의 북쪽 사면에 자리해 있고 높은 경사면 아래에 위치해 있어 햇볕이 잘 들지 않고 습기가 많아 사람이 장기간 거주하기에는 그렇게 좋은 자리가 아니다. 불편한 점과 단점이 많은 곳이다. 또 북쪽에서 몰아치는 거센 물결을 맞받아 배를 이동해 보관할 장소도 어려운 점이 많았다. 평균적으로 파도가 높은 곳이라 어선의 접안이 어렵고 순간 돌풍이 불면 피할 곳도 마땅치 않은 곳이다. 심지어는 파도가 샘물 솟는 굴 안까지 치고 들어오기도 했다.

물골은 식수 이외에 모든 면에서 단점이 많아 사람들과 함께 정착하여 항구적으로 살 수 있는 그런 장소가 아니다. 사람들과 함께 바다미역을 채취하며 생활하다 파도가 거세지면 살림살이를 들고 피신해야 했다. 바람과 파도를 피해 있던 상황이지만 함께 생활하던 해녀와 선원은 그때가 잠시나마 휴식을 취할 수 있는 시간이다. 최종덕은 파도와 바람을 피해 생활할 수 있는 최적의 공간을 찾아야만 했다. 물골에서 거주하며 앞으로 장기적으로 생활할 장소를 찾는 것은 쉬운 일이 아니다. 현재의 계절과 이 시기에 나타나는 날씨와 파도의 방향 그리고 바람의 세기와 방향 등등 고려해야할 부분이 한두 가지가 아니다.

시간이 날 때면 독도에서 가장 높은 서도의 대한봉 정상을 수시로 올라 섬 전체를 살펴보며 가장 안정적이고 장기간 생활이 가능한 안전한 장소를 찾았다. 장기적으로 살아갈 장소를 찾는 것이 무엇보다 중요했기 때문에 날씨로 인해 작업을 못하는 시간이 오히려 독도를 자세히 살펴볼 수 있는 귀한 시간이 되었다.

또 한 가지 큰 문제는 독도에 살고 있는 '독도 깔따구'라 불리는 무서운 벌레다. 물골에서 움막을 짓고 생활했던 사람들에게는 이 깔따구를 피할 수 있는 방법이 없다. 이 벌레는 몸길이가 2~3㎜로 아주 작아 평소에 자주 볼 수 있는 깔따구라 생각했지만, 독도에 있는 깔따구는 전혀 다른 종류로 한 번 물리면 피부가 심하게 붓고 모기에 물린 것과는 비교조차 할 수 없는 크나 큰 고통을 준다. 그 통증 때문에 견디기가 너무 힘들다. 날이 따뜻해지면 나타나는 이 깔따구로 알려진 흡혈(吸血) 곤충은 훗날 독도에만 서식하는 신종 모기로 확인되어, '독도점등에모기(Culicoides dokdoensis)'로 밝혀졌는데 매일 깔따구와 싸우는 것이 전쟁으로 여겨질 정도로 힘들고 고통스러운 생활이다. 깔따구를 피할 수 있는 공간의 확보는 더욱 절실했다.

독도의 척박한 자연환경

최종덕의 바람과는 달리 독도는 쉽게 정주를 허락하지 않았다. 손

▲서도 요화대밭 물골로 내려오는 계단(998계단)

으로 강하게 잡으면 바로 부스러지는 독도의 바위를 타고 수없이 미끄러지고 다치면서도 그는 정상을 향해 틈만 생기면 올랐다. 독도에 상주하기 위해서는 식수와 함께 정주할 공간의 확보가 무엇보다 중요했다. 수많은 시행착오 끝에 그는 자신만의 길을 만들고, 가파른 경사로 발을 옮기기 힘든 곳은 밧줄을 연결해 하나하나 길을 개척해

나가며 이동하는 방법을 직접 손으로 만들어 정상으로 올라가는 시간을 줄여나갔다.

이 과정에서 서도의 대한봉으로 향하는 길을 최초로 개척하게 되었다. 물골이 있는 서도의 정상에 올라 파도를 자세히 살피고 바람이 어떤 방향에서 어떻게 불어오는지 높은 파도가 밀려오면 파도가 서로 부딪혀 약해지는 장소를 살폈고 사람들과 함께 생활할 수 있는 가장 안전한 곳을 찾으려 노력했다. 수 없이 서도의 정상과 물골을 오르내리며 파도와 바람의 영향이 가장 적은 장소를 찾아 지속적으로 안전하게 생활할 수 있는 곳을 확인하고 여러 번 장소를 찾아가 주거공간의 설치와 안전의 확보가 가능한 곳을 결국은 찾아냈다. 그 곳이 지금의 독도주민숙소가 위치한 '덕골'이다.

새롭게 자리 잡은 덕골(최종덕 골짜기라는 뜻)은 물골과는 반대 방향에 위치해 있어 식수를 운반해야 하는 어려움은 있었지만, 주거공간으로서는 최적지였다. 남향으로 추위와 파도, 바람의 영향을 적게 받는 지역이어서 태풍이 와도 견딜만한 곳이었다. 특히 파도가 들이칠 때 양쪽에 파도가 서로 부딪혀 상쇄되는 자리에 위치해 있고 배도 끌어올릴 수 있는 장소가 있었다. 독도의 어느 지역도 바람과 파도를 피할 수 없었지만, 덕골은 앞에 큰 바위가 있어서 파도를 막아주기 때문에 거센 바람이 불더라도 조금은 안전한 곳이다. 새로운 거주지를 확보한 최종덕은 빠르게 움직였다. 푸석푸석 부스러지는 특징을 가진 바위들은 조심스럽게 곡괭이와 삽을 이용하여 제거하고 단단하고 범위가 넓은 바위들은 다이너마이트로 이용해 폭파하여 넓은 공간을 확보하면서 집을 지을 수 있는 터를 닦았다. 무너져 내리는 바위와 변화가 심한 독도의 날씨 탓에 위험한 순간도 많이 있었다. 여러 경우의 수를 생각하며 조심스럽게 터를 만들고 집의 방향과 위치를 선정했다.

터를 다지고 위치를 선정한 후 그는 울릉도로 들어가 필요한 자재를 구입해 배로 실어와 집을 짓기 시작했다. 처음부터 끝까지 그의 손을 거치지 않은 것이 없었고 긴 시간과 노력 끝에 점점 집의 형태를 갖춰나갔다. 드디어 1967년 사촌동생 최종찬을 비롯한 선원, 해녀와 함께 토담을 쌓아 함석판을 덧대고 슬레이트 지붕을 얹은 형태의 함석집을 완성하고 물골에서 이곳으로 옮겨왔다. 그리고 독도를 방문한 어느 교수가 최종덕의 덕이라는 글자와 골짜기라는 골을 합쳐서 이곳을 '덕골'이라 이름을 붙였다. 함석집은 울릉도에서 생활할 때의 경험을 바탕으로 적은 비용으로 빠르고 쉽게 지을 수 있었고, 생각보다 튼튼했기 때문이다.

1965년 물골에서 시작하여 집 완성 때까지 거의 3년이란 힘든 시간이 걸린 것이다. 사람들은 독도의 집이 그냥 만들어진 것이라 착각한다. 덕골에 최초로 지어진 이 함석집은 최종덕이 사람이 정착하여 정주할 수 있는 기틀을 마련하고자 온갖 노력을 다해 일궈낸 소중한 건축물이다. 허름하지만 처음으로 지어진 함석집으로 이사하는 날, 최종덕이 독도에서 사람들과 함께 살아가는 마을을 만들겠다는 꿈을 실현하기 시작한 최초의 날이다. 우리의 독도가 대한민국의 국민이 살아가는 유인도라는 것을 세상에 알린 날이기도 하다.

주거공간과 어민보호소

물골의 움막집에 비해 안전하고 견고한 주거공간의 확보는 더욱 많

▲1983년도 집 일부

은 선원과 해녀가 안정적인 조업을 할 수 있게 되어 지속적인 독도 생활의 기초를 마련했다. 처음 독도로 들어올 때 5~6명이었던 해녀와 선원은 점점 늘어 어획량도 증가하였다. 70년대 말에는 10~13여 명이 함께 생활할 정도로 집도 많아지고 부대시설도 늘어났다.

최종덕은 독도에서 생활하며 만들어지는 수익을 개인적인 부를 축적하기보다 독도에 다시 재투자하는 방식을 선택했다. 덕골의 어민숙소에도 지속적으로 투자하여 온돌방을 늘리는가 하면 선착장, 냉동 창고, 건조장 등을 추가로 지으며 여러 시설을 마련하고 사람들이 편히 살 수 있는 주거공간과 어업을 위한 작업공간을 확보했다. 울릉도에서 시멘트와 나무 등 자재를 구입해와 방에 문도 만들고 취사시설도 갖추는 등 차츰 주거공간과 작업공간을 분리하며 편리한 생활을 할 수 있도록 덕골의 집과 건물을 만들어갔다.

정부에서도 1973년 '독도종합개발계획'을 수립하는 등 독도에 대한 관심을 갖기 시작했다. 이때 덕골에 최종덕이 최초로 만든 숙소를 정부에서는 '어민보호소'라는 공식적인 명칭을 붙였으며 1980년대가 되어서는 필요한 것을 대부분 갖춘 모습으로 완성되었다. 이렇게 변화가 가능했던 이유는 독도를 생활의 터전으로 삼아 그 만큼의 수익을 남길 수 있었기 때문이다. 예전에 독도에 들어와 물골을 중심으로 며칠 정도 다녀간 사람들은 독도에서 잡은 수산물을 가지고 돌아갈 뿐 투자나 장기 체류에 대해 생각하기 어려웠다. 독도를 오가는

▲전복 양식 하는 모습 1

▲전복 양식 하는 모습 2

시간이나 노력, 그리고 소요 비용에 비해 수익이 크지 않았기 때문에 그런 생각이 어려웠을 것이다.

독도는 잡는 즉시 시장에 내다 팔 수 있는 환경이 아니라서 임시로 소라, 전복은 바닷물에 담가 신선도를 유지하기도 했으며, 또 잡는 것에 그치지 않고 문어, 해삼은 삶아서 건조하는 2차 가공을 통해 더 큰 수익을 올리기도 했다. 최종덕이 독도에서 많은 수익을 올릴 수 있었던 것은 철저하게 준비하고 노력과 투자를 진행한 대가이다. '정착'이라는 목표를 둔 장기체류를 위해 얻은 수익을 재투자하여 작업 공간의 확보와 이동과 준비 시간의 효율적인 사용을 통해 효율을 극대화하면서도 소요되는 비용을 최소화했다.

독도에 가족이 정착

1980년 어민보호소 확장 이후 1981년 10월 14일 최종덕은 독도에 최초로 주민등록을 이전했다. 주소는 경상북도 울릉군 울릉읍 도동 산 67번지로 본인 최종덕과 아내 조갑순, 그리고 딸 최은채 일가족 3명이 독도의 공식적인 최초 주민이 되었고 결국 독도에 '정착'했다. 1977년부터 최종덕은 독도로 주민등록을 이전하기 위해 많은 노력을 해왔지만 쉽게 이루지 못하다가 1981년이 되어서야 그 꿈을 이루게 되었다. 1984년 집을 증축하면서 콘크리트 집으로 바꾸기 시작했고 냉동 창고도 함께 만들어 마을의 모습도 갖춰나갔다. 이후 1984년 8월 두 번째로 독도에 주민등록을 이전한 해녀 고순자는 독도에서 작업을 시작한 후 8년 만에 독도로 주소 이전을 했다. 딸 최은채가 1985년 울릉도에서 아들을 출산하였고, 이듬해인 1986년부터는 아버지와 딸 그리고 손자, 3대가 함께 살아가며 독도를 사람이 정착해 살아가는 마을로 변모시켰다.

덕골의 함석집에서 본격적인 독도생활이 시작되었다. 전기도 들어오지 않고 연료나 생활에 필요한 용품들이 많이 부족한 시작이었지만 독도에서 비바람과 파도를 피해 사람이 살 수 있는 공간이 있다는 것은 커다란 변화였다. 물골에서 생활을 시작한 사람들에게는 편안함과 마음의 안정감을 느끼게 했다.

선가장과 도르래 '동끼'

당시 최종덕은 작은 배를 가지고 있었는데, 그 배는 독도에서 생활하는데 가장 필요한 것이다. 최종덕이 덕골에 만든 집 다음으로 신경 쓰던 것은 배를 끌어올려 놓을 수 있는 소형 '선가장(船家場)'을 만드는 것이다. 울릉도에서 배를 인력으로 쉽고 안전하게 뭍으로 끌어올리는 '동끼'라는 장비 즉 도르래를 최초로 개발했던 그는 울릉도보다 파도가 훨씬 심한 독도에서 배를 안전하게 보관하기 위하여 한 가지 장치를 더 고안한다. 동끼를 이용해 뭍으로 끌어올린 배를 매달아 놓는 장치를 개발했다. 덕골은 독도에서 파도가 가장 약한 곳이지만 아무리 파도가 약한 곳이라 해도 2~3미터 이상으로 치는 독도의 파도는 울릉도와는 비교조차 되지 못하는 그런 곳이었다. 이런 파도를 피해 배를 뭍으로 끌어 올리는 방법으로는 덕골의 공간이 협소하여 배를 안전하게 지키는 것이 불가능하기 때문에 큰 파도를 피하는 방법은 배를 파도보다 높이 매달아 놓는 수밖에 없었다. 최종덕은 선가장 공사를 완성한 후 동끼에 배를 위로 끌어올려 새로 개발한 매달아 올리는 장치를 덧붙여 3~4m 이상으로 안전하게 배를 보관했다. 정착 생활이 안정되기 시작하면서 보다 전문화된 어업활동을 위해 다양한 시설을 설치했다.

'하다까'라는 해녀 머구리 장비 활용

독도에 정착하기 시작한 초기에는 보통 1년 중 3~4개월 정도를 독도에서 생활했다. 1968년 이후 10월부터 4월까지 주로 겨울철에 생활하는데 소라, 전복, 해삼 같은 해산물을 채취했다. 일반 해녀들이 잠수해 잡는 것도 있었지만 일본용어 '하다까(はだか)'라 불리던 해녀 머구리 장비를 사용하는 작업이 주로 이루어졌다. 보통 해녀가 무호흡으로 숨을 참으며 잠수를 하는데 반해, 하다까 머구리는 공기호스를 갖추고 작업을 한다. 최종덕은 해녀에게 하다까 머구리 장비 교육

을 시켜서 일반 해녀에 비해 보다 오랜 시간동안 더 깊은 곳까지 잠수하여 작업할 수 있도록 했다. 하다까 머구리 장비는 일반 스쿠버다이버 보다도 깊은 깊이로 오랫동안 잠수가 가능한 장점이 있었다. 당시에는 스쿠버다이버나 스킨스쿠버에 대해 알지도 못했고 장비와 사람을 구할 수도 없었다.

▲하다까 해녀 잠수복 모습

하다까 해녀 머구리 잠수부들은 일반 해녀가 접근하지 못하는 지역의 해산물을 채취했다. 다만 잠수시간이 길고 장비들이 무거운 만큼 신체에 부담이 크고, 공기호스가 목에 감기거나 호스가 꺾여 부상을 입거나 질식사하는 사고가 많이 발생하는 위험한 일이라 하다까 머구리 잠수부들이 바다 속에 들어가면 최종덕은 특별한 일이 없는 한 직접 컴프레서(compressor)를 작동하고 공기호스를 잡아주며 선상에서 잠수부들의 안전에 많은 신경을 썼다. 최종덕과 함께 머구리 일을 했던 사람들은 다른 사람이 공기호스를 잡아주는 날이면 물속에 들어가는 것을 불안해할 정도였다. 독도에서는 해녀들이 기본적인 물질 이외에 이 위험한 하다까 머구리 잠수부 일을 함께했다.

독도 문어 잡이 사업과 건조장

독도에는 문어의 개체수가 독도 바다를 다 채운다고 할 만큼 많다. 독도에서 주로 잡히는 문어는 60~80kg 정도의 대왕문어가 대부분이다. 해녀들도 60kg 정도의 문어를 잡아올 정도로 흔하기는 했으나 해녀들은 대형 문어를 잡는 것을 별로 좋아하지 않았다. 바다 속 대형 문어들은 힘이 좋고 자칫 잘못하면 문어에게 잡혀 수면으로 올라오지 못하고 목숨을 잃는 경우가 있기 때문이다.

함께 온 문어 잡이 선원의 인건비는 그들이 잡아온 문어 값을 지불

▲70년대 문어 건조하는 모습

▲80년대 문어 건조하는 모습

하는 것으로 대신했다. 선원을 데리고 온 목적이 전복의 개체 수를 늘리기 위해 문어를 잡는 것이므로 문어 잡이 선원이 잡아오는 양만큼 바로 구매를 해준 것이다. 독도 바다에 널린 게 문어라 하루에 잡아들이는 양도 어마어마했다. 그 많은 문어를 구매해서 손해만 볼 수 없었던 최종덕은 잡아온 대형 문어는 생물이라 이를 보관을 할 수 있도록 문어를 삶아 건조하는 방법을 찾았다. 문어를 건조할 건조장을 만드는 것이 우선이라 그는 바람이 잘 불고 파도가 넘어오지 않는 좋은 장소로 덕골의 숙소 뒤편 언덕 너머에 있던 경사면에 건조장을 만들었다. 그 곳은 주변에 막힘이 없으면서 햇볕이 하루 종일 잘 들고 바람도 잘 통하는 곳이다. 하지만 파도가 높아지면 건조장으로 가는 길이 파도에 막혀 갈 수가 없었다. 사다리가 만들어지기 전에는 덕골 숙소 뒤로 밧줄을 매달아 붙잡고 올라가야만 했다. 처음 독도에 온 사람들은 건조장으로 가는 길을 찾지 못했고 길을 알려줘도 쉽게 오르내릴 수 없었다.

겨울철에는 아무런 문제없이 이용했던 건조장이 4월이 되면서 이용할 수조차 없게 되었다. 괭이갈매기들이 산란기를 맞아 독도에 돌아오면서 건조장에 널어놓았던 문어들을 먹어치우기 시작했기 때문이다. 보초를 서가며 갈매기들을 쫓아내려 해도 그 수가 너무 많아 감당할 할 수 없었다. 할 수 없이 최종덕은 널빤지와 각목을 이용해 새로운 건조장을 지었지만 이것도 소용이 없었다. 바람이 통하게 하려고 만들어둔 구멍을 통해 들어가 문어를 물고 둥지로 돌아가는 것이다. 이 방법이 실패하자 최종덕이 선택한 것은 울릉도에서 대형 그물망을 구입해 구멍을 막아 보았다. 해녀와 선원을 시켜 그물망을 건조장 주변에 둘러치게 했다. 잠시 동안은 괜찮은 듯 보였다. 며칠이 지난 후 해질 무렵 잠시 시간을 내 문어 건조장을 방문한 최종덕은 눈을 의심했다. 독도에 사는 괭이갈매기들이 그렇게 똑똑할 것이라 상상도 하지 못했다. 부리와 발톱으로 그물망을 뚫어 출입구를 만들고 당당히 문어를 물고 돌아가는 것을 목격하게 되었다. 산란이 끝나고 새끼들이 커가면서 갈매들과의 싸움은 더욱 심해졌고 갈매기들이 돌아오는 4월이면 매번 전쟁을 겪곤 했다. 문어 건조장을 이용해 말린 문어는 창고에 모아두었다가 울릉도로 나가는 배에 실어 판매를 했고 문어 구입비용의 일부를 메꿀 수 있었다.

독도에서 살아남기 위한 연구개발

독도의 열악한 상황을 극복하기 위해 최종덕은 잠시도 쉬지 않고 새로운 것을 개발하고 장치를 만들어 부착하는 일을 끊임없이 진행했다. 편리한 생활을 할 수 있도록 언제나 준비하고 노력을 게을리 하지 않았다. 덕분에 선원과 해녀는 날씨가 좋지 않은 날은 물론 파도가 심하게 치는 날에도 편하게 쉬는 경우가 많지 않았다. 부서진 계단을 수리하고 더욱 따뜻한 방을 만들기 위해 구들장 보수를 했다. 특히 배를 올리는 자리는 큰 파도가 치면 일부가 부서져 나가기 때문에 공사를 다시 해야 하는 불편한 점도 있었다. 아무리 튼튼하게 잘 만들어도 강한 파도의 힘에는 버티기 힘들었다. 수시로 보수공사를 진행하지 않으면 배를 댈 수 없었다. 비가 오는 날에도 바람이 불어 움직이지 못하는 날에도 독도에서의 생활은 늘 이것저것 고쳐가면서 살아야 했기 때문에 쉬는 날이 거의 없었다. 일하는 사람들의 불만이 쌓일 것도 같지만, 함께 일하는 사람들이 독도의 상황을 이해하면서 서로 도우며 최종덕과 함께 독도 정착의 꿈을 일궈나갔다.

▲문어 건조장 가는 지름길

최종덕은 독도에서 잡은 문어를 삶아 건조하여 보관하고, 미역은 염장(鹽藏)하여 보관하는 염장 미역을 개발했다. 또 독도 생활의 특성상 해삼은 살아있는 상태로 보관이나 판매를 못했기 때문에 잡은 즉시 삶아서 건조하는데 이 해삼은 전량 중국으로 수출했다. 특히 독도에서 잡히는 홍해삼은 크기가 크고 굵어 중국에 수출하는 상인들이 직접 사기위해 찾아올 정도로 인기가 많았다. 독도에서 생산되는 물건들은 전량 해외로 수출했다고 해도 과언이 아니다.

염장 미역 사업에 대한 일화

미역에 대한 최종덕의 일화가 하나 있다. 1980년은 독도 해역에 미역이 많아 해녀들이 미역을 가지고 오면 두 명의 선원들이 삶는 것을 전담해야 할 정도다. 이때 최종덕의 딸 최은채는 독도에서 일하는 사람들의 식사를 책임지고 있었고, 또 미역을 삶아 오면 소금으로 간을 하는 일을 도맡았다. 1980년 4월 염장된 미역을 토굴을 만들어 보관했는데 많은 양의 미역을 염장하다보니 소금이 많이 필요한 상황에서 그해 소금이 품귀현상을 일으켜 소금 값이 쌀값에 버금갈 정도로 많이 올라 많은 손해를 보고 자금 조달에 큰 곤란을 겪었다. 최종덕은 그 동안 만든 염장 미역을 자루에 담아 배에 싣고 판매하기 위해 서울로 올라갔다. 큰 트럭에 가득 실을 정도의 염장 미역을 가지고 서울에 올라가 판매를 하려고 보니 독도에서 온 사람이라고 촌사람 취급하며 무시하고 멀리 섬에서 만들었다고 하니까 사람들이 거부감을 가지고 구매하려고 하지 않았다. 어쩔 수없이 냉동 창고에 매달 보관비를 지불하고 맡기는 수밖에 없었다.

당시 들어간 보관비와 운반비, 소금 값 등 당시 집 한 채는 날렸다고 할 정도로 큰 손해를 봤지만, 그는 냉동 창고에 보관해 두고 미역 값이 오르기를 기다렸다. 다음 해 미역 값이 오르기 시작했고 서울에 맡겨둔 미역을 찾아 판매하기 위해 냉동 창고를 찾았다. 그런데 미역 값이 올라가자 창고 주인은 최종덕에게 '미역을 언제 맡겼느냐? 나는 그런 사실이 없다'라며 미역을 돌려주지 않았다. 당시 최종덕은 울릉도처럼 생각해 서로 믿고 구두로만 이야기하고 계약서나 보관증 따위의 서류는 받지 않았던 것이 문제가 된 것이다. 멀리 섬에서 온 사람이라 쉽게 얕잡아 본 것이다. 아무리 이야기를 하고 설득하고 사정을 해도 서류가 없다는 이유를 들어 막무가내여서 쫓겨나다시피 창고에서 나올 수밖에 없었다.

거짓말하는 창고 주인에게 화가 났지만 최종덕은 화를 참고 창고를 나서며 생각했다. 최종덕의 머리는 울릉도에서 유명할 정도로 좋았다. 보통사람들이 생각할 수 있는 범위를 언제나 벗어나 있었다. 이 사람이 내가 섬에서 올라 온 촌사람이라고 사기를 치려고 한다는 생각에 바로 일본제 소형녹음기를 하나 장만해 일부러 허름한 옷차림을 한 후 다시 냉동 창고를 찾아갔다. 녹음을 해서 증거로 쓰기 위해 다시 찾은 것이다. 최종덕은 보관을 하며 서류를 받은 것은 없지만 내가 가져온 미역은 이 창고에 있는 것이 맞지 않느냐며 양심을 속이지 말고 좋게 해결하자고 말하자 창고주인은 솔직히 당신의 미역을 받아 보관한 것은 맞지만 증거가 없지 않느냐며 '염장 미역을 창고에 보관했다는 증거를 가지고와서 이야기를 해라. 증거가 없으니 나는 모르는 일이고 받은 적도 없다'고 말하는 것을 다 녹음했다. 필요한 말들을 유도해 녹음이 끝난 후 최종덕은 알았다고 말하고 일어나 바로 검찰이나 경찰서로 가서 법대로 처리 하겠다고 하자 냉동 창고 주인은 마음대로 해보라며 큰소리를 쳤다.

이때 그는 녹음기를 꺼내 보이며 당신들이 한 말을 다 녹음했고, 이 증거를 가지고 법대로 처리하겠다고 하니 그제야 자신에게 불리한 상황임을 인식하고, 맡긴 염장 미역을 내 놓으며 한번만 봐달라고 손이 발이 되도록 빌었다. 최종덕은 염장 미역을 다 처분하고 다시 독도로 돌아오며 서울 사람들과 다시는 거래하지 않겠다고 울분을 터트리기도 했다.

4

가족의 희생과 타인에 대한 배려

4

가족의 희생과 타인에 대한 배려

세상을 앞서가는 개척자·탐험가·발명가는 자신이 좋아서 하는 일이라서 가족에게는 소홀할 수 있다. 다른 사람들은 잘 챙기지만 가까이 있는 가족은 헌신과 희생이 당연하다고 생각하기도 한다. 최종덕 역시 독도에서 생활했으므로 가족보다는 해녀, 잠수부, 경비대원, 선원 등 다른 사람들을 더 배려한 것으로 보인다.

최종덕의 가족 관계

제적등본에 의하면 최종덕의 할아버지는 최원석이며, 아버지는 최인중이다. 할아버지는 경산에서 살았었고, 방앗간과 과수원을 경영했다. 그러다가 울릉도 개척 무렵 할아버지 형제가 경산에서 울릉도로 들어간 것으로 보인다. 그 구체적 시기와 이사 동기에 대한 것은 정확하게 알 수 없다.

지금까지 최종덕의 아버지에 대해 알려진 것은 제적등본에 근거하여 1905년 1월 11일 울릉군 남면 사동 53번지에서 태어나, 1922년 5월 15일 황재순과 혼인하였고, 1968년 대구에서 사망하였다는 사실과 초등학교 교사를 지낸 것 정도다. 최종덕의 여동생 증언에 의하면 울릉도에서 태어난 아버지는 공부하러 육지에 나온 것으로 보인다. 그는 경산과 평양에서 교직생활을 하였고, 1945년 해방이 된 후 울릉도로 교사 발령을 받았지만 한 달 정도만 교직생활을 한 것

▲동도 헬기장에서 최종덕

▲서도에서의 최종덕

으로 기억하고 있다.

최종덕의 제적등본에 의하면 1925년 5월 1일 울릉군 남면 사동 53번지에서 출생하였다고 기록되어 있다. 그는 1944년 3월 24일 울릉도에 살던 조갑순과 혼인하였다. 자녀는 2남3녀로 주로 대구에서 생활했으며 아내는 울릉도에서 살았다.

아내의 헌신과 희생

최종덕은 독도에 냉동 창고를 만들어 잡아온 해산물들을 잠시 보관하는 용도로 이용했다. 냉동 창고라고 하지만 냉동을 시킬 전력이 없어 겨울철 눈이 내리면 눈을 모아 창고에 계속해서 쌓아두고 차갑게 만드는 냉매로 사용했다. 독도는 눈이 내리면 삶고 건조하는 작업을 진행할 수가 없어 해녀들이 잡은 문어, 해삼 등 을 냉동실에 넣어 저장했다가 날이 좋아지면 다시 작업을 진행했다. 그는 독도에서의 생활을 위해 주거 공간 외에 독도의 여건상 육지로 제때 생물을 실어 나를 수 없는 상황에서 건조장과 냉동 창고 등을 만들어 독도 해산물의 상품성을 높이기 위해 노력했다. 울릉도에는 독도에서 나오는 물건만 따로 받아가는 사람이 있을 정도로 최종덕이 가져오는 독도의 물건들은 최상품으로 취급되었다.

울릉도에서 독도 생활을 지원하는 일은 더욱 힘들고 고된 일이다. 독도에서 배가 들어오면 최종덕의 아내는 몸이 바빠진다. 배편으로 보내온 독도의 물건을 받아 울릉도 수협으로 옮겨 경매에 붙이고, 낙찰금을 수금하는 중요한 일을 도맡아 했는데 독도에서 최종덕이 생활할 수 있도록 모든 뒷바라지를 했다. 경매를 시작하면 독도 물건만 전문으로 사가는 사람들이 있어 대부분 독도에서 나온 물건들을 입찰 받아갔다. 당시 독도에서 경매로 나오는 물건들은 국내에서 소비되기 보다는 대부분 비싼 가격에 전량 일본이나 중국으로 수출되었다고 한다. 최종덕의 아내는 해야 할 큰 일이 또 있었다. 독도에서 살기위해 필요한 식량을 조달하는 일이다. 경매를 통해 받은 대금을 이용해 집안 살림은 물론 부식을 인원에 따라 시간에 맞춰 보내는 작업은 쉬운 일이 아니다. 자식들을 돌보며 독도에 필요한 모든 것들을 직접 챙겨야 했던 시절이라 해야 할 일이 많았다.

독도로 작업을 위해 출발하는 배를 찾기 위해 온 울릉도를 수소문하고 다녔다. 정기적으로 들어가는 배가 있었다면 문제가 없겠지만 필요한 시기에 독도로 출항하는 배를 찾는 것이 쉽지 않은 시절이었다. 도동과 저동을 비롯해 울릉도 전체를 일일이 직접 돌아다니며 연통을 부탁해놓고 한없이 기다려야 했다. 다행히 최종덕의 울릉도 집에는 당시 귀했던 전화기가 있었다. 울릉도의 교환을 통해 '독도 집'이라고 하면 바로 연결이 되었다. 전화기만 바라보며 마음 편히 있을 수도 없는 노릇이었다. 언제 어디서 연락이 올지 알 수 없는 일이라 항상 긴장의 끈을 놓지 못하고 있다가 독도에 들어가는 배를 찾았다고 연락이 오면 밤이든 새벽이든 울릉도에 차량이 거의 없던 시절이라 세탁물이며 부식거리들을 직접 손에 들고 항구로 찾아가 독도로 보냈다. 독도에서 생활하는 것도 쉬운 일이 아니지만, 여자 혼자서 자식들을 돌보며 남편을 포함해 10~13여 명 사람들의 뒷바라지를 한다는 것은 보통 힘든 일이 아니다. 울릉도에서 독도에 필요한 모든 것을 뒷받침해준 아내가 없었다면 최종덕은 독도에서 아무것도 이루지 못하고 울릉도로 철수할 수밖에 없었을 것이다. 최종덕이 꿈꿨던 독도 정착은 이렇게 뒤에서 남편을 위해 헌신했던 아내의 희생 덕분이었다고 말할 수 있다.

아내의 노력과 고생에 대한 고마움을 알았던 최종덕 역시 검소하고 근면 성실한 생활이 몸에 배어있었다. 큰 딸이 시집갈 때 받았던 낡은 양복 한 벌과 작업복으로 구입한 점퍼, 그리고 겨울에 입을 두터운 외투 하나로 독도의 혹독한 생활을 아무런 불만 없이 견뎌냈고 24년이라는 긴 세월을 독도와 함께 했다. 자신의 모든 것을 바치고 사비를 털어 지속적으로 발전시키며 개발했던 독도! 최종덕은 무한한 가능성을 가진 우리 땅 독도에 대한 특별한 마음과 애정이 있었기에 가능한 일이다. 그에게 독도는 돈벌이 수단이나 도구만이 아닌 자신의 집과 자신의 몸 같이 생각하는 곳으로 삶이 모두 독도에 있었고, 생각 역시 독도가 중심이었다. 독도의 시설이나 역사 모든 것이 최종덕의 손에 의해 만들어졌다고 해도 과언이 아닐 것이다. 중앙정부에서 도움을 주기위해 나오는 지원금이나 지방정부에서도 지원을 하겠다며 보조금 등을 들고 찾아와도 일체 받는 일이 없었고 대출을 받거나 누구에게 빌리는 일도 없었다. 본인의 수익이 생기면 그 돈으로 독도에 필요한 것을 구입했고, 또 서도의 집을 수리하거나 하는 비용도 최종덕은 자신의 수입에서 지출했다. 최종덕은 오롯이 스스로의 힘으로 자신이 꿈꾸는 '사람 사는 독도'를 만들어갔다.

가족의 독도 생활

최종덕은 독도가 생활공간으로 어느 정도 모양새가 갖추어지자 가족들과 함께 독도생활을 시작한다. 특히 딸 최은채는 유년기뿐만 아니라, 결혼 후에도 그녀의 가족과 함께 독도에서 생활했다. 최은채의 기억 속에 독도는 무료하지만, 신선하고, 지루하지만 즐거운 곳이었다. 그녀는 한 발표회장에서 독도에서의 기억나는 생활을 묻는 질문에 다음과 같은 일화를 들려줬다.

최은채 구술 에피소드

독도에 아버지를 따라 처음 들어갔을 때, 너무 열악해서 힘들면서도 어떻게 아버지는 이런 환경을 이겨내시고 있을까 싶어 정말 존경스러울 정도였습니다. 제가 기억나는 것은 특히 독도는 물이 귀하기 때문에 잘 씻을 수도 없어 항상 지저분하게 있었고, 한 번씩 머리라도 감으려고 하면 아버지의 불호령이 있었습니다. 당시 비교적 흔했던 괭이 갈매기 알은 정말 좋은 샴푸였습니다. 한 번씩 그것으로 머리를 감으면, 머릿결이 얼마나 좋았던지, 지금도 기억이 나네요. 그래도 아무것도 갖추어진 것이 없어 하루 종일 바닷가에 앉아 있거나 아버지 하는 일을 구경하면서 시간을 보냈던 적이 많아 심심했었던 것 같습니다. 그렇지만, 독도의 바다와 환경은 너무 아름다워 그 기억이 늘 머릿속에 있습니다.

최은채의 회고에 의하면 청소년 시절 방황하다가 아버지가 17세 되는 해 독도에 데리고 들어갔다고 한다. 독도에 들어간 최은채는 독도에서 13년간 생활을 하게 되었다. 독도에 처음 들어가는 노정을 다음과 같이 회고하고 있다.

최은채 구술 에피소드

내가 처음 인자 독도에 갔을 때는 음 그게 뭐지 우리 덕진호를 타고 열 시간 아홉 시간에서 열 시간이 그 때 걸려가꼬 울릉도서 출발해서 독도까지 갔는데 울릉도서 밤에 밤 12시쯤 되가 출발을 하면은 독도에 아침에 열시나 이래되가꼬 도착을 했을 때 독도의 모습은 보면은 이런

▲최은채 독도 생활 사진

절벽에 바위 같은데 집이 하나 있는거 바닷가에 집이 있는거 그거를 처음에 봤었는거고…"

최은채의 가족은 독도로 주민등록을 옮겨 공식적인 독도의 주민이 되었다. 사위 조준기는 1986년 7월 8일 독도에 주소를 옮겨 1994년 3월 강원도로 주소를 이전할 때까지 8년간 독도에서 생활했다. 1988년에는 서도에 독도 주민 정착기반 조성공사에 참여하여 독도의 민간인 정주 기반시설 구축에도 일조를 했다. 1987년 셀마 태풍으로 인해 서도의 집은 파괴되었고, 최종덕은 끝내 세상을 뜨고 말았지만, 다시 일구어 낸 사람은 딸 최은채와 사위였다.

최은채 아들 조강현은 태어날 당시 한국인 최초로 독도가 고향인 사람이 되었다. 최종덕의 외손자이기도 한 그는 비록 울릉도에서 태어났지만, 젖먹이 시절에 가족이 독도에 들어가 생활한 경험이 있다. 언론에 소개된 그의 기사를 보면, 너무 어렸을 적이었기 때문에 독도에 대한 기억은 거의 없지만, 외할아버지와 아버지의 영향으로 인해 학창시절 '독도 소년'이라는 별명이 있었다고 한다. 그리고 독도에서 삶의 터전을 일군 가족이 자랑스럽고 그에 대한 자부심이 크다고 했다.

한편, 조강현의 동생인 조한별은 독도에서 태어날 수도 있었다. 조한별의 출산예정일에 맞춰 독도에 들어가기로 계획하고 준비를 했

▲최초의 독도둥이 조한별

▲문어건조장에서 독도 소년 조강현

다. 의료진은 출산일에 맞춰 울릉도에 들어오기로 되어 있었고, 방송국에서는 헬기도 마련해놨다. 그러나 출산 예정일 당일, 독도의 기상 악화로 인해 배가 뜨지 못했고, 결국 독도에서의 출산은 성공하지 못했다. 그렇지만 '독도둥이'의 탄생을 알리는 뉴스까지 보도되었다.

비록 독도에서 태어나지 못하였지만 최은채 부부는 주민등록지가 '울릉읍 도동 산 67번지'로서 독도에 주민등록을 갖고 있었다. 그렇기 때문에 '울릉읍 도동리 산 67번지', 즉 독도에 출생등록이 되었다. 조한별은 최초의 '독도둥이'라고 할 수 있다.

최은채의 회고를 통해 본 독도

딸 최은채의 회고를 통해 당시 독도에서의 일상적인 삶이 어땠는지 살펴본다.

"독도에서 이러한 환경에 적응하기까지 당시 청소년기였던 저로서는 참 힘이 들었습니다. 그래서 물을 못 먹어 가지고 처음엔 물을 참을 수 있을 때까지 참고, 정 참기 힘들 땐 숨도 안 쉬고 지내기도 했습니다.(?) 당시 제가 독도 생활에서 제일 힘들었던 것은 새벽 4시 반에 일어나 밥을 하는 것이었습니다. 해녀들은 새벽 5시쯤 작업을 가야되기 때문에 그때까지 제가 밥을 다하고 나면 해녀들과 아저씨들

▲최은채 독도 사진

이 일어나십니다. 그리고 밥 먹을 때만 잠깐 우리 배에 있는 발전기로 배터리를 충전해 가지고 아침밥 먹을 때 잠깐만 작고 흐릿한 전구에 불을 켜서 밥을 먹었습니다. 파도가 좋으면(잔잔하면) 아버지와 해녀, 인부 모두 작업을 나가시고 저 혼자 집에 남아 있습니다.

겨울철에는 해가 일찍 지니까 한 6시 반 늦어도 7시쯤 되면 모두 취침을 합니다. 다시 다음 날 새벽에 4시 반쯤 되면 일어나는 그러한 생활이 반복이 되었습니다. 독도에서 유일하게 문화생활은 라디오 음악 밖에 없습니다. 그때 독도에 있던 녹음기는 카세트 녹음기인데 아버지께서 택시 같은데서 장착해 있던 것을 개조하시어 스피커를 달아 사용하는 것이었습니다. 또 아버지는 배 작업을 하시며 덕진호 배에 이 카세트를 장착하고 스피커를 달아 노래를 틀어 놓으십니다. 그러면 저는 서도 집에 혼자 있으면 노랫소리가 아! 이쪽방향에서 들리다가 저쪽방향에서 들리고 하여 저는 아버지와 배가 동도 앞 어디에서 작업을 하는 구나, 아! 물골에서 작업하는 구나를 알 수 있었습니다.

독도에서 유일하게 소풍으로 놀러가는 곳, 동도 경찰들이 있는 곳입니다. 아버지께서 울릉도 어머니에게 물건, 부식 등 연락 할 일이 있으면 동도 경비대에 가서 경비전화로 전화를 하십니다. 저는 그 때 아버지와 동도에 놀러 가는데 그 때 내가 제 나이가 어렸기 때문에 동도에 갈 때는 그저 마냥 신나고 좋았습니다.

그렇게 첫해 한 달 동안은 너무너무 힘이 들어 마치 무인도에 갇힌 죄수처럼 달력에다 지낸 날짜를 꼬박 꼬박 체크하였습니다. 해가 어스름하게 지난 날 문어건조장에 올라가서 울릉도 쪽을 바라보며 언제나 갈 수 있을까 하고 바라보다가 내려오곤 했습니다, 특히 저녁노을이 질 때면 울릉도가 훤히 보이는 데, 한번은 제가 울릉도쪽으로 바라보고 울고 있으니깐, 아버지께서 "내일은 보내 줄께" 그러셨습니다.

한 달에 한번씩 25일에서 30일 사이에 독도 경비대원들이 교체를 합니다. 날씨 좋은 날을 택해서 말입니다. 그래서 저는 그날 밤 들뜬 마음으로 지새다 그 다음날이 되었습니다. 그러나 그날 집 앞에는 남동~남서풍이 불어서 파도가 첩첩태산인 것이었습니다. 그날 파도가 거세게 쳐서 집 앞에 경비정 작은 배조차를 못 대는 상황이 되었습니다. 그런데 경비대원 교체는 구 등대 쪽이 파도가 잔잔하니까 그 때 울릉 경비정과 작은 경비정 두 대는 접안이 가능하여 교체를 했습니다. 독도에서는 남쪽에서 파도가 세면 반대방향, 북쪽에는 파도가 잔잔하기 때문에 아버지가 그쪽에서 교체를 해주고 그랬는데 그 때 파도가 우리 집 앞에 너무 세니까 우리 덕진호를 내릴 수 없는 상황이어서 울릉도에서는 미리 작은 경비정까지 따라 왔던 것이었습니다.

사실 아버지가 독도에 계시면 전경들 교체할 때는 전부다 우리 배 덕진호만으로 교체를 해주고 물건도 날라주고 그랬습니다. 그러나

제가 나가려던 그 날에는 우리 집 앞에 파도가 너무 크게 쳐서 덕진호를 바다에 못 내니까 울릉도에서 작은 경비정이 하나 더 와서 구등대쪽 선착장에서 전경 교체를 한 것이었습니다. 나는 그때 너무 울릉도에 나가고 싶은 나머지 뱃자리 옆 절벽 바위를 타고 가서 헤엄쳐 가버렸습니다. 그러나 우리 집에서는 제가 집에 없자 "애가 파도에 떠내려 갔다."고 난리가 났습니다. 당시 저는 헤엄을 쳐서 작은 바위에 올라서서 작은 경비정에 큰 소리쳤습니다. '사람 좀 살려주세요!' 아무튼 그날 저는 젖은 옷 입고 경비정 타고 울릉도로 나온 기억이 있습니다."

해녀와 선원을 귀하게 배려

최종덕은 해녀에 대해서는 아주 귀하게 대했고 누구도 함부로 하지 못하게 했다. 추운 겨울 최종덕을 비롯한 선원은 난방이 없는 냉방에서 생활하는 반면 해녀는 난방이 되는 따듯한 아랫목에 잠자리를 만들어 잠을 청하게 했다. 차가운 바다 속에서 하는 일이기 때문에 몸이 따뜻해야 된다며 해녀의 잠자리까지 챙긴 것이다. 독도에서 하는 일의 대부분이 바다 속에서 하는 일이라 주로 해녀의 작업이 많았다.

독도에서는 긴급하고 위험한 상황이 언제나 존재하고 있었기 때문에 이에 대비하지 않으면 생존해 나갈 수 없었다. 전기도 들어오지 않았던 시절이라 발전기가 필요했지만 너무 고가이면서 연료가 비싸기 때문 엄두도 내지 못했다. 필요한 전기는 배에 부착된 배터리를 이용해 식사를 준비할 때 잠시 사용하는 것이 전부였다. 불편함이 이루 말할 수 없었지만 시간이 지나면서 서서히 적응해 나갔다. 생활에 필요한 모든 물건들은 아껴 쓰는 것은 기본이고 비상시 필요한 물건들은 항상 준비되어 있어야만 했다. 그 중 하나가 난방용 연료로 독도에서 사용하는 것은 단 한 가지 선박용 '벙커C유'로 배를 움직이는 것 외에 식사를 준비할 때나 겨울철 난방을 할 때에도 사용했다. 전등은 식사를 준비할 때 잠시 사용했다. 밥을 짓기 위해 벙커C유로 불을 지피면 검은 그을음이 많이 올라와 눈은 물론 숨 쉬기 조차 힘들었다. 얼굴에 시커먼 그을음 자국이 남는 것은 당연했고, 그런 불편함을 감수하며 독도의 생활을 이어나갔다.

당시 독도의 일상은 지금처럼 배가 수시로 오고가며 생필품과 연료를 운반할 수 없던 시절이라 쌀을 비롯한 식료품과 배를 움직일 연료 등 생활에 필요한 모든 것들을 직접 실어서 운반해야 했기 때문에 항상 부족한 상태였다. 식자재도 직접 잡을 수 있는 해산물을 제외한 나머지 것들은 최대한 절약해야만 했다. 한정된 재료만을 사용해야하는 독도의 생활은 이용 방법에 따라 중요한 조건이 된다. 부족한 연료를 보충하는 방법으로 독도 바닷가로 밀려온 쓰레기들을 이용하기도 했다. 파도가 심하게 치고 난 후 물골이나 동도에 위치한 자갈밭 등 바닷가 여기저기를 탐색해 보면 러시아나 일본 등지에서 떠내려 온 물건들이 많이 발견되었다. 독도 방향으로 흐르는 해류의 영향으로 일본 북부와 러시아 동부 지역의 바다 쓰레기들과 배에서 버려진 물건들이 많이 떠내려 온다. 특히 풍랑이 심하게 지나간 후라면 더욱 많은 물건들이 독도에 쌓였다. 비닐류를 모아 난방용 연료로 사용하기도 했는데 배나 어구에서 분리된 나일론 밧줄이 오랜 시간

▲해녀가 작업하는 장면

태울 수 있는 좋은 재료였다. 한 번에 다 넣으면 금방 강하게 타버리지만 불 주변에 위치를 맞춰 조금씩 타 들어가게 만들면 오랜 시간 난방을 하는 효과를 낼 수 있었다. 그렇게 불을 피워 방을 따뜻하게 만들면 해녀가 자는 아랫목 쪽은 밤새 다른 곳에 비해 조금은 따뜻하게 유지할 수 있었다. 하지만 최종덕은 따뜻한 아랫목은 차가운 물속에서 일하는 해녀가 몸을 따뜻하게 유지해야 된다며 양보하고 남자 선원과 함께 차가운 냉방에서 지냈다. 자신의 몸을 돌보지 않고 어렵게 일하는 사람을 항상 먼저 챙겼다. 주로 겨울철에는 수산물 채취를 위한 차가운 바다 속에서 이뤄지는 잠수 작업이 대부분이었던 해녀는 최종덕의 배려에 항상 감사하고 또 믿음으로 대했다. 해녀가 바다 속에 들어갈 때면 최종덕은 절대 긴장을 풀지 않았고 해녀에게 항상 조심하고 조금이라도 일이 생기면 바로 올라오겠다는 신호를 보내라고 강조했다. 잡는 것이 중요한 것이 아니라 해녀의 안전이 가장 중요하다는 말을 입버릇처럼 말했다. 함께 일하는 해녀의 안전을 최우선으로 생각했다. 물론 급여도 섭섭하지 않게 지급했다.

이뿐만 아니라 정착 초기 특이한 점은 문어 잡이를 전문으로 하는 남자 선원 5~6명을 매년 독도에 데려온 것이다. 그 이유가 최종덕이 독도에 처음으로 왔을 때 전복이 있기는 하지만 아무리 둘러보고 찾아봐도 큰 전복은 한두 개씩 밖에 보이질 않았다고 한다. 이상하다는 생각에 조사를 해보니 전복과 소라의 천적이 불가사리와 문어인 것을 알게 되었다. 전복을 잡기위해 최종덕은 문어 잡이 선원을 고용한 것이다. 당시 누구도 생각하지 못했던 전복양식을 통한 진주생산에 관심을 가지고 있던 최종덕은 연구를 통해 전복에 상처를 내면 상처로부터 진주가 만들어진다는 것을 알게 되었다. 당시 선진국이었던 일본에서도 알아내지 못한 방식이었다. 전복 양식을 위해 손해를 보면서 매년 전문 문어 잡이 선원을 모집해 독도로 함께 들어왔다. 전복을 이용해 진주를 만들기 위해 최종덕은 많은 실험을 했다. 전복을 가둬두는 시설이 없이 바다에서 실험을 진행했다. 실험용 전복을 끈으로 연결해 바다에 넣어두고 지속적인 관찰을 했지만 서로 묶여 있던 전복들이 서로 다른 방향으로 움직이려 하고 바다 속의 양식 환경도 잘 모르던 시절이라 계속해서 실패를 하게 되었다.

경비대원들과의 유대관계

작업을 마치고 돌아오는 길에 경비대원들이 보이면 동도로 다가가 경비대원들을 불러 내렸다. 잡아온 문어와 해삼, 생선 등 부식 거리를 나눠주었다. 독도경비대원들과 서도의 사람들은 한 가족처럼 지내며 힘든 독도의 생활을 견뎌 나갔다. 최종덕은 임무를 마치고 교대를 앞둔 경비대원들을 태우고 독도를 한 바퀴 돌면서 수고에 대한 위로를 전했다. 곧 떠나갈 경비대원들도 차별 없이 챙기고 아낌없이 나눠주었다. 또 서도에 있던 선원들과 해녀들도 가끔 동도로 데려가 휴식시간을 주고 편히 쉬고 올 수 있게 배려했다. 이런 날은 동도와 서도 사람들의 소풍날이었다. 서로 반대편의 섬으로 가서 주변도 둘러보고 필요한 반찬이나 생선 등 부식을 나눠주고 필요한 물품을 받아왔다. 한 번씩 보급이 안 되는 기간이 길어질수록 독도경비대는 최종덕에게 의지할 수밖에 없었다. 최종덕은 힘든 사람들에게 조금의 망설임도 없이 필요한 물품들을 경비대원들에게 나눠주었다. 돈

▲1982년까지 동도 경비대에서 사용한 철 전마선

으로 환산한다면 어마어마한 금액이 될 것이다.

먹을 것이 떨어져 굶어야하는 상황에서 식량의 가치는 돈으로 환산할 수 없는 것이다. 최종덕에게 독도는 돈벌이 수단의 장소만이 아니었다. 아무런 대가도 바라지 않았고 아무런 조건도 없이 그냥 나눠준 최종덕에 대한 감사와 고마움이 컸을 것이다. 임무를 마치고 독도를 떠나는 경비대원들은 최종덕이 나눠준 마음과 사람이 사는 독도를 만들려 노력했던 최종덕의 인정을 평생 기억하고 감사한 마음을 간직했을 것이다. 독도를 지나가던 어선들이나 독도에서 작업 중이던 어선들이 고장으로 문제가 생기면 언제나 달려가 급한 문제를 해결해주고 기계를 고쳐 무사히 울릉도까지 갈 수 있도록 도움을 주었다. 돈을 받거나 하는 일은 없었고 고마움을 표시하려는 사람들에게는 그날 잡은 생선 몇 마리로 수리비를 대신했다. 독도에 가서 고장이 나면 최종덕이 고쳐준다는 믿음이 생겨 편안하게 독도주변을 지나다니게 되었다. '독도 정비소'라는 말이 나올 정도였다. 최종덕은 그야말로 독도와 동해를 지키는 파수꾼이었다.

5

끊임없는 도전과 철저한 사전 준비

5

끊임없는 도전과 철저한 사전 준비

인류는 '도전과 응전'을 통해 역사를 만들어왔다. 최종덕 역시 독도에서 끊임없이 도전하고 자연에 적응하면서 독도의 역사를 새롭게 써왔다.

울릉도의 농업과 어업

1882년 대한제국 황제 고종이 개척령을 내려 울릉도 이주를 장려하였다. 이후 진행된 초기 울릉도 이주는 어업 보다는 내륙의 전통적인 생활방식인 '농업 이민' 성격이 강했다. 울릉도에는 농사를 지을 수 있는 공간이 많지 않았다. 대다수 이주민은 해변이 아닌 산골에 정착해 산비탈을 개간하거나 화전을 일구며 살았다. 어업은 익숙

하지도 못했고 어업에 대한 편견이 있었다. 조선은 농업을 중시하는 농업이 국가의 근간을 이루는 산업이다. 어업은 하층민들의 일 '뱃놈'이라는 고정관념이 있었다. 당시 어업은 이주해있던 일본인들이 주로 하였고 함께 생활하던 일본인들을 보고 아이들이 일본인을 흉내 내 물고기를 잡으면 종아리에 피가 맺히도록 때려 뱃사람 흉내를 내지 못하도록 했다는 기록이 있을 정도로 초기 울릉도 이주민은 어업에 종사하길 꺼렸다. 이따금 해안가에서 미역이나 다시마, 김 등을 채취했을 뿐 물고기를 잡지 않았다.

울릉도는 그 지리적 특수성 때문에 삶 자체가 생존을 위한 투쟁이다. 척박한 환경으로 식량 자급률이 매우 낮은데다 육지와의 교통이 열악하여 식량 공급이 제대로 이루어지지 않았다. 또한 여름에는 태풍의 주요 이동 경로로 비와 바람의 영향을 크게 받았고 겨울은 주요 폭설 지역으로 바로 옆에 살고 있는 이웃집을 방문하거나 주변 마을로의 이동은 눈으로 인해 생각조차 힘들었다. 그야 말로 자연재해가 끊임없이 일어나고 있는 지역이다. 하지만 일제강점기에 들어서 일본인이 증가하고 일본인이 주로 어업에 종사하는 것을 따라 어업을 시작하게 되었다. 특히 울릉도 주민이 오징어를 본격적으로 잡기 시작한 것은 일제강점기 울릉도에 들어온 일본인 어민들이 오징어를 잡아 부를 축적하는 모습을 보고 울릉도 주민들도 농사를 짓는 것보다 높은 소득을 올릴 수 있다는 기대감에 오징어잡이에 나서기 시작했다.

울릉도 오징어잡이

울릉도 주변 바다에서 본격적으로 오징어잡이를 시작한 것은 1910년 한일강제병합 전후로 기록되어있다. 1909년 8월 8일 자 '대한매일신보' 에 실린 기사는 "오징어 성어기가 되면 일본 어부 수백 명이 일시적으로 울릉도에 몰려들어 어족자원을 수탈했다. 한국인들은 배와 기술을 가진 일본 어부들에게 고용돼 일했다"라고 적고 있다.

동력장치가 있는 큰 배를 만들 수 있는 기술과 자본이 부족했던 울릉도 사람들은 '떼배'라는 것을 만들어 어업활동을 하였다. '떼배'는 울릉도에서 가장 오래된 뗏목 형태의 전통 배다. 떼배는 길이가 3m 내외, 폭은 1m30㎝ 정도로 지름 15㎝ 내외의 통나무 8개 정도를 이어 붙여 만들었다. 제주도 떼배가 뗏목 위에 30~40㎝ 높이로 평상을 닮은 '상자리'라는 구조물을 만들어 노 젓기와 어로 활동에 편의를 더했던 반면 울릉도 떼배는 원시적인 뗏목 형태에 가깝다. 일부는 난간을 만들어 채취한 해조류가 흘러내리지 않도록 했다. 이런 원시적인 뗏목 형태의 배에서 점점 발전하여 일본의 어선을 참조하여 만든 일본식 개량 목선이 개발되었다. 울릉도 사람들이 '강고배'라고 부르던 배로 초기 강고배는 2~3명이 탈 수 있는 소형 선박이었고 별도의 동력장치가 없어 노를 이용해 움직였다. 울릉도 어업인구가 늘고 활용도가 높아지면서 강고배의 크기도 좀 더 커졌다. 규모가 커지면서 돛을 달게 되었고 보다 멀리 항해할 수 있었다. 선미의 일부분을

▲강고배 또는 전마선

개조해 '야키다마'로 불리던 동력장치를 부착하기도 했다. 이후 한국인 어민 수는 점차 늘었고 일본의 오징어 조업 기술도 이들에게 점차 전파돼 갔다. 1960년대 중반까지 울릉도 어민들은 대부분 강고배를 타고 가까운 바다에 나갔다. 1960년대 초반 울릉도엔 이 강고배 목수가 20명쯤 됐다고 한다.

1960년대만 해도 오징어 한 축(20마리)과 쌀 한 말이 교환되기도 했다. 어민들은 이 작은 배를 타고 바다에서 오징어를 잡았다. 울릉도에 살았던 한 주민은 "조금만 나가도 오징어가 지천이라 큰 배를 끌고 먼 바다로 나갈 필요가 없었다."고 회상했다.

그 시절 햇볕에 잘 말린 오징어는 울릉 주민들의 가장 큰 돈벌이 수단이자 효자상품이었다. 큰 힘을 들이지 않고 잘 잡혀서 돈벌이가 되면서 자연스럽게 울릉도 어업의 90% 이상이 오징어로 집중됐다. 남자들은 삼삼오오 모여 각자의 배를 타고 출어에 나서 거센 파도와 싸워가며 잡아왔다. 잡은 오징어를 울릉도로 가지고 돌아오면 아낙네들은 아이들과 함께 잡아온 오징어를 손질해 말리기에 바빴다. 1960년대 울릉도에 살고 있던 주민들 특히 뱃사람들의 일상적인 모습이다. 그 외에도 섬에 남은 사람들과 바다로 멀리 나가지 못하는 사람들은 해초를 이용한 손 꽁치잡이를 하며 소득을 올리고 있었다. 농사지을 땅이 부족했던 울릉도는 산비탈을 개간하고 화전을 일궈 약초나 나물 같은 것들을 재배하기도 했다.

최종덕의 울릉도 생활

당시 최종덕은 울릉도에서 배를 타고 오징어를 잡는 일도 했지만 그 보다는 상업 활동이 주요 수입원이었다. 울릉도에서 살고 있었던 다른 사람들처럼 오징어 장사와 약초 재배 등을 하며 생활했다. 하지만 그는 일반적인 주민들과 비교하자면 독특한 생각을 많이 했고 평범한 생활에 안주하지 않았다. 항상 새로운 것을 만들고 개발했다. 남들과 다른 생각을 가지고 평범한 생활을 하지 않았다. 그는 울릉도 주민들이 보다 나은 생활을 할 수 있게 주민들의 편의를 위해 발명하고 개발하려고 노력하였다. 식량을 비롯하여 기본적인 생활에 필요한 거의 모든 것들이 궁핍했던 시절, 외부로부터 별도로 전기를 공급받는 것조차 불가능했던 울릉도의 특성상 전기의 사용이 어려웠던 울릉도에서는 일제강점기인 1940년 5월 저동천에 소규모 수력 발전소가 준공이 되어 50㎾의 전력을 송전할 수 있게 되었다. 이 전력은 처음에는 무선 전신국용만으로 이용되었으나 도동 일대를 중심으로 가정용으로 이용되기도 하였다. 아마도 당시 일본군의 작전수행에 필요한 전력과 일본인들의 생활을 위해 만들어졌을 것이라 생각한다. 하지만 이런 소규모 전력으로는 울릉도 주민들의 수요를 충족시키기에는 매우 부족하여 해방 후 1961년 화력 발전기가 증설되었다. 1964년에 울릉전업공사가 설립되었고, 이어서 시설 용량 1,200㎾의 추산수력발전소가 1966년에 준공되면서 울릉도 일원에 전기가 공급되었다. 1969년 6월 운영난이 심해지자 한국전력주식회사가 울릉전업공사를 인수하여 오늘에 이르렀다. 이처럼 살아가는데 필요한 모든 것이 부족했던 울릉도는 언제나 넉넉하게 모든 것을 내어주던 바다에 기대 흔하게 잡히고 잘 팔렸던 오로지 오징어잡이에 의존해 삶을 연명할 수밖에 없었다.

또 1960년대 울릉도의 경우 제대로 만들어진 방파제나 접안 시설이 없었기 때문에 배는 안전을 위해 바다에 정박하지 않고 뭍으로 끌어올려 보관하였다. 사람의 힘으로 배를 끌어올리는 일은 쉽지도 않을뿐더러 어부들은 항상 사고의 위험에 노출되어 있었다. 큰 파도가 치거나 태풍이 부는 날이면 더욱 높이 배를 끌어 올려야했고 배를 다시 내리는 시간도 많이 걸렸고 배에 부딪히거나 미끄러져 다치는 사람들도 많았다.

다치는 사람들이 점점 많아지고 피해가 커지는 것을 지켜만 보던 최종덕은 어떻게 하면 사람들이 다치지 않고 편하게 배를 올리고 내리는 방법이 없을까하는 생각으로 연구를 시작했다. 몇 번의 시행착오 끝에 당시 울릉도 사람들이 말하는 일본식 표기 '동끼' 즉 특별한 도르래를 울릉도 최초로 개발하고 만들어 어민들에게 보급하였다. 처음에는 사용법을 몰라 힘들어 했지만 최종덕의 설명과 도움으로 그 편리함을 알고 감탄했다. 이후 날씨가 좋지 않은 날이나 긴급한 상황에서도 힘들이지 않고 빠르고 안전하게 배를 올릴 수 있었다. 물론 다치는 사람도 거의 없어졌다. 그는 울릉도 사람들이 편리하고 안전하게 살 수 있도록 자신의 재능을 혼자가 아닌 모두를 위해 사용했다.

최종덕은 현재 사동초등학교 바로 옆에 울릉도에서 최초로 물레방앗간을 만들기도 했다. 또 오징어 배에서 밤에 오징어를 모으기 위한 전구를 배에 다는 집어등을 개발하였다. 최종덕을 기억하는 사람들 모두 그의 머리가 비상하다거나 연구를 많이 한다는 증언을 하고 있는 것으로 보아 최종덕은 생활의 편리함을 추구하기 위한 연구를 게을리 하지 않은 발명가였다. 오징어잡이를 위해 개발한 수중

전기기술, 방어 떼를 한꺼번에 잡기 위한 대형 그물망 만들기 등에 얽힌 일화가 있다. 어릴 때부터 최종덕을 가까이서 봐왔다는 지인들은 그에 대해 머리가 비상하고, 기계에 대해 천부적인 재능이 있다고 증언한다.

울릉도 종합개발계획

힘들고 어렵게 생활하던 울릉도 사람들에게 변화가 시작되는 사건이 발생한다. 1962년 당시 대통령 권한대행과 국가재건회의 의장 자격으로 울릉도를 순시하러 저동리로 들어오던 박정희는 포항에서 해병대 상륙 훈련을 참관한 후 2000t급 병력 수송 호위함인 APD81함을 타고 울릉도 인근에 도착한 뒤 상륙용 보트로 갈아타고 저동리로 이동했다. 하지만 풍랑이 갑자기 거세지면서 보트가 접안에 어려움을 겪었다. 이 과정에서 박정희 의장이 보트에서 떨어져 바다에 빠지는 대형 사고가 발생했다. 수심이 얕아 대형 선박의 진입이 불가능했고 접안시설 자체가 마련되어 있지 않은 터라 타고 온 군함을 멀리 바다위에 정박하고 작은 배로 옮겨 타고 저동리로 들어오다 생긴 일이었다. 가장 당황한 사람은 본인도 주민들도 아닌 수행원들이었다. 당시 최고 권력자였던 박정희 의장이 사고를 당한 것이니 주변에 있던 모든 사람들이 당황하는 것은 당연한 일이었다. 사고 후 박정희 의장은 책임을 묻거나 하지 않았고 오히려 저동리에 방파제와 항구를 만들라는 지시를 내렸다. 박정희 의장의 지시 후 온전한 방파제 하나 없던 저동리에 불과 2년 만에 방파제가 만들어졌다. 그렇게 저동항은 지금의 동해안의 어업 전진기지가 될 수 있었다.

박정희 의장의 울릉도 방문 직후 중앙정부에 의해 수립된 울릉도 종합개발계획은 1963년 3월 8일 각의에서 의결돼 정부의 지원으로 본격적인 울릉도 개발이 시작됐다. 이 계획에는 울릉도 정기여객선 취항, 방파제와 접안시설 신설, 울릉도 일주도로 개설, 수력발전소 착공 등의 내용이 담겼다. 이 계획에 따라 어업 전진기지인 저동항과 울릉도의 관문인 도동항 개발을 필두로 7곳의 어항을 신설하는 공사가 시작됐다. 수산청·항만청·경상북도·울릉군 4개 관청에서 총 187억 7650만 원의 경비를 투입해 울릉도의 면모를 일신하는 건설 공사가 시작됐다.

최종덕이 만든 바다 모래 준설장비

1980년대 관련시설이 전무했던 울릉도 도동리에 최종덕에 대한 작은 일화가 하나있었다. 도동리, 지금의 도동항은 너무도 낙후된 어촌 마을이었다. 현재 버스정류장과 작은 공원이 만들어져 있고 대형 쾌속선이 들어올 정도로 발전되어 있지만 지금의 모습으로 매립되고 모양을 갖추기 전에는 배를 끌어올려 두는 작은 포구였다. 이곳은 안쪽으로 움푹 들어간 모양의 항이라 동해의 파도가 밀려와 바닷물이 돌아 나가는 곳으로 모래가 많이 쌓여지는 곳이었다. 당시 모래가 많이 쌓여 배들이 오가기 힘든 상황이라 지금의 어촌계, 옛날에는 어업조합이라 불리는 곳에서 바다 속 모래를 치우고 포구를 정비해줄 업체를 구한다는 공고를 내고 입찰을 진행했다. 하지만 기간도 짧고 사업비도 그리 많지 않아 매번 유찰되어 시간만 흐르고 있었다. 포구를 이용하던 어부들의 피해가 점점 쌓여갔다. 당시에는 기계설비나 기술이 많이 없던 시절이라 사람의 힘만으로 바다 속을 정리하고 포구로 밀려들어온 모래를 퍼 올려야했다. 속수무책으로 시간만 보내고 있던 도동어업조합은 거의 포기 상태로 어찌할 바를 모르고 있었다. 매번 유찰되며 포구를 이용하는 어민들의 불편이 계속되고 있었다. 그렇게 시간이 흐르던 어느 날 독도에서 울릉도로 나왔던 최종덕에게 이 내용이 알려지게 되었다.

독도 바다에서 모래를 채취해 공사를 해본 경험이 있던 최종덕에게 생각하고 있던 장비를 개발할 수 있는 좋은 기회였다. 그는 도동에서 조합장을 만나 치워줄 수 있다고 말하고 사업을 진행하겠다는 의견을 표명했다. 조합장과 함께 급히 조합사무실은 찾아가 공사계약을 하려 했지만 건설공사면허증을 제출하고 계획서를 만들어 오라는 이야기를 듣고 그는 "내가 뱃놈인데 그런 서류가 있다는 것이 말이 되는 소리냐"라며 뒤돌아 나와 포기해 버렸다. 시간은 흐르고 또 다시 유찰이 되었다. 어민들의 불만이 점점 커져가자 어업조합은 어쩔 수 없는 선택으로 최종덕을 불러 부탁할 수밖에 없었다. 그럼에도 어업조합은 열흘 안에 정리하라며 부탁이 아닌 강압적인 자세로 최종덕에게 요구하였다. 돈만 바라보는 생각 없는 사람이라는 비아냥과 '네가 할 수 있겠냐?'라는 비웃음이 섞여있었다. 하지만 그는 웃으며 "하루나 이틀 만에 다하면 돈은 안주는 것이냐"라며 말했고 조합은 1시간 만에 다해도 지급하겠다며 무시와 조롱하는 어투로 답을 했다. 하지만 조합사무실에 있던 사람들은 그가 왜 웃는지 웃음의 의미를 전혀 알 수 없었다. 최종덕의 머릿속에는 기계장비의 개발과 진행과정에 대한 모든 계획이 상세하고 완벽하게 정리되어 있었고 실행만하면 되는 것이었다. 현재 사용하고 있는 바닷모래 준설용 장비와 비슷한 흡입 준설 기계를 직접 설계하고 만드는 것이 가능하다고 생각했고 그의 머릿속에는 개발이 끝난 상태였다.

당시 울릉도에는 물을 퍼 올리는 펌프나 컴프레서 같은 장비들이 전혀 없었다. 최종덕은 계약 후 바로 육지로 나가 필요한 장비들을 구입해 울릉도로 돌아왔다. 독도에서 필요한 장비들로 개조하여 사용할 계획을 하고 있던 기계였던 터라 울릉도에 도착 후 바로 개조를 시작하였다. 기계장치의 개발을 완료한 후 최종덕은 도동의 포구를 정리하기 시작했고 별 어려움 없이 이틀 만에 정리를 끝내버리자 비웃으며 바라보던 사람들은 입을 다물지 못했다.

방법은 간단해 보였다. 배에 펌프를 올려 준비하고 해녀들은 물속으로 큰 호스를 가지고 모래가 있는 곳으로 이동했다. 펌프가 작동하기 시작하자 바다 속 모래들이 바닷물과 함께 뿜어져 올라왔다. 올라온 모래는 물과 함께 배위에 준비된 통에 담겼는데 바닷물은 흘러나가고 모래만 남아 있었다. 하지만 최종덕의 생각은 여기서 끝나지 않았다. 당시에는 방파제 건설과 주택건설 등 울릉도 개발 사업으로 인해 많은 양의 모래를 필요로 하였다. 육지에서 모래를 가져오는 것은 실어올 수 있는 배편도 부족한 형편이었고 가격 역시 육지보다 몇 배는 비싼 상태인데도 공급이 수요를 따라갈 수 없는 형편이었다. 이것이 최종덕에게는 좋은 기회가 되어 바다 속 모래를 퍼 올려 부족한 모래를 공급해주고 또 많은 수익을 얻을 수 있었다. 또 건설업자들도 빠르게 공급되는 모래의 덕을 톡톡히 봤다. 일석이조(一石二鳥)의 효과를 낸 것이었다.

지금은 모래나 골재를 마음대로 채취하면 불법으로 처벌을 받지만 당시에는 골재 채취허가 같은 제도는 없었기 때문에 직접 개발한 장비로 울릉도 사동 앞바다에서 모래를 채취해 공급할 수 있었다. 덕분에 울릉도 공사현장은 저렴한 가격으로 모래를 공급 받을 수 있었고 모래공급이 늦어져 늘어났던 공사기간도 단축되어 개발 사업에 활기를 불어넣기도 했다.

오징어 집어등 개발

당시를 기억하는 사람들의 증언을 통해 보면 최종덕은 머리가 비상하여 보통 사람들이 할 수 없는 새로운 것을 만들었다거나 평소에 여러 가지 연구를 많이 한다는 말을 하고 있다. 사람이 생활하는데 편리함을 추구하기 위한 연구를 게을리 하지 않았다. 최종덕의 발명가로서의 재능은 독도에서 더욱 발휘되었다. 그가 독도에 입도하여 온전한 독도인으로 정착할 수 있었던 것은 번뜩이는 아이디어를 통한 발명가적인 기질과 연구를 게을리 하지 않았기 때문에 가능한 것이었다. 최은채의 증언에 의하면 독도에서는 보통 새벽 2시~3시에 일어나 촛불 하나에 의지해서 연구하고 구상하는 시간을 가졌다고 한다.

최종덕의 발명과 연구에 대한 이야기는 울릉도에서 전설처럼 전해져 오는 것이 있었다. 1960년대 오징어잡이는 지금처럼 밝은 집어등을 설치하고 잡은 것이 아니라 배에서 호롱불을 밝혀 지금의 집어등을 대신하였다. 호롱불은 밝기도 어둡지만 자칫 잘못하면 화재로 이어질 수 있어 많은 주의가 필요하였다. 집어등을 만들 기술도 없었고 장비도 가지고 있지 못했기 때문에 어쩔 수 없는 선택이었다. 배에서 발전기를 돌려 전기를 생산할 수 있었지만 배위에 조그마하게 달린 전구를 거친 파도가 밀려오고 세찬 바람이 부는 울릉도의 바다에서 수면 근처로 가져가는 것은 불가능한 일이라 생각했다. 합선의 위험으로 아무도 시도조차 하지 않았다. 하지만 최종덕은 생각이 달랐다. 배에서 나오는 전기를 이용해 배 위보다 아래에서 전구를 켜면 더욱 밝고 많은 오징어가 배로 몰려 들것이라는 생각에 직접 만들어 사용해 보기로 결심하고 연구를 시작했다. 문제는 전구가 직접 바닷물과 맞닿아 있다는 것이었다. 물과 전기를 어떻게 분리하느냐가 문제였다. 완전 방수가 되는 전구를 찾아야만 했다.

최종덕은 육지로 나가 항공기에 쓰는 낡은 전구를 구입해 울릉도로 돌아왔다. 한동안 두문불출 연구와 실험을 거듭했다. 한참의 연구 끝에 최종덕은 밤에 오징어를 모으기 위한 전구를 만들고 오징어 배에 다는 집어등을 개발했다. 물속에서도 꺼지지 않고 전기를 사용하는데 아무런 문제가 없는 집어등을 완성해 자신의 배 아랫부분에 전구를 달아 불을 밝힐 수 있었다. 평소에 쓰던 호롱불이나 일반 전구에 비해 월등히 밝고 물속에서도 사용 가능한 전구였다. 오징어들이 최종덕의 배로 몰려들었다. 하지만 최종덕의 기대와는 달리 어획량은 오히려 줄어들었다. 이유는 단순했다. 현재 오징어의 집어등이 배위에 달린 이유는 배 주변은 밝지만 배 아래는 그늘이 생겨 오징어들이 배 아래쪽으로 모인다는 것이다. 하지만 최종덕이 만든 집어등은 엄청난 밝기를 보이지만 배 아래에 달려있었던 것이 첫 번째 문제이고 너무 밝아 오징어들이 숨을 곳이 없었다는 것이 두 번째 이유이다.

최종덕의 배가 너무 밝으니 오징어들은 최종덕의 배로 몰려들었다가 주변에 있는 다른 배들로 이동을 하는 것이었다. 최종덕의 발명 덕분에 주변에 있던 다른 오징어잡이 어선들만 어획량이 늘었다. 남 좋은 일만했다고 최종덕은 껄껄 웃고 말았다. 수중전기 기술이 거의 전무했던 당시에는 획기적인 기술이었지만 수산물에 대한 연구나 특별한 어획기술 없이 경험에만 의존해 어업을 이어오던 시절에 비해 너무 앞서간 발명이었다. 독도 바다는 소라, 전복, 해삼 등 해산물들이 군집을 이루고 사는 특정 지역이 생각보다 많이 존재해 시기에 따라 여러 곳을 돌며 채취를 했다. 이 해산물들은 주로 겨울에 작업을 하게 된다.

방어 잡이 그물 일화

방어 잡이와 관련된 발명의 일화도 있다. 독도 주변 바다에는 매년 비슷한 시기와 장소에서 방어들이 떼 지어 지나가는 것을 확인하고 낚시로 한 마리 한 마리 잡는 것 보다 그물을 넓게 펼쳐 한 번에 잡는다면 큰돈을 벌 수 있다는 생각에 새로운 어획도구와 방법을 연구하기 시작했다. 바람을 불어 넣으면 물에 떠오르는 튜브의 부력을 이용해 그물을 끌어 올려 길목을 막고 가둬 잡겠다는 계획이었다. 생각과 계획이 끝난 최종덕은 육지로 나가 그물과 튜브를 대량을 구입해 돌아와 준비를 시작했다. 지금은 대형 그물들이 많이 있지만 당시만 해도 대형 그물은 특별히 주문하지 않는 한 쉽게 구하기도 힘들고 가격이 높아 일반 어선들은 엄두도 못내는 물건이었다. 최종덕은 구입해 온 소형 그물들을 연결해 대형 그물을 만들고 사이사이 튜브를 집어넣어 그물이 떠오를 수 있는 초대형 그물을 완성해 독도 주변 방어 떼가 지나가는 길목에 설치하고 방어들이 지나갈 때를 기다렸다. 컴프레서를 작동해 바람을 불어 넣어 그물을 수면까지 끌어 올려 방어 떼를 가둬 잡는다는 계획이었다. 준비를 끝내고 방어 떼를 기다렸다.

방어 떼가 지나가는 것을 확인하고 최종덕은 선원들과 함께 컴프레서를 작동해 튜브에 바람을 불어 넣어 그물을 물위로 띄워 올리기 시작했다. 완벽한 성공으로 보였다. 하지만 컴프레서의 힘이 부족하고 튜브의 수가 많아 바람이 튜브에 들어가는 시간이 너무 오래 걸렸고 그물이 떠오르는 시간 역시 느릴 수밖에 없었다. 전혀 예상하지 못했던 상황이었다. 너무 느리게 그물이 올라왔고 그 사이 빠른 속도로 헤엄치는 방어 떼는 이리저리 빠져나가 생각만큼 많이 잡지는 못했다. 기술만 놓고 말하자면 일반인들이 생각하지 못하는 새로운 기술이었다. 장비의 성능이 현저히 떨어지고 어군의 탐지 기술이 전무했던 당시에는 획기적인 생각이었고 그 또한 너무 앞선 기술이었다. 현재 문어 건조장 위에 당시 사용한 방어 그물이 존재하고 있다. 이렇게 방어를 잡아 물골 옆에 있는 굴을 어장으로 만들고 방어를 살려서 울릉도로 보낼 생각을 했으나 결과적으로는 성공하지 못했다.

배에 헬리콥터 터빈 엔진 장착

배를 개조해 타고 다니는 일도 있었는데 보통 어선에 장착해 쓰는 엔진에 어디서 구한 것인지 알 수 없는 헬리콥터의 중고 터빈을 개조하여 배의 엔진과 연결해 엄청난 힘을 내는 독특한 엔진을 만들어 배에 장착했다고 한다. 일반 배들의 몇 배의 속력으로 거의 날아다녔다는 표현이 맞을 정도로 속도가 너무 빨라 따라올 배가 없었고, 심지어 울릉도 어민들은 군함이나 경비정과 경쟁할 정도 였다는 얘기를 재미삼아 했다. 지금의 고속 선박에서 볼 수 있는 터빈 엔진과 비슷한 구조다. 한번은 독도에 들어가다 군함을 만났는데 너무 빠른 속도에 간첩선으로 오해 받아 포격을 받을 뻔한 사건도 있었다. 이때 군함으로 끌려가 한참동안 조사를 받고 간신히 풀려났다. 당시의 상황이면 충분히 오해를 받고 잡혀갈 수도 있었을 것이다.

이처럼 최종덕의 아이디어와 발명 그리고 기술에 대한 부분은 보통사람 이상의 특별한 재능과 능력이 있었던 것이다. 울릉도에서 최종덕과 함께 생활했던 사람들은 머리가 좋고 남달랐다고 이구동성(異口同聲)으로 말한다. 1977년에는 울릉도와 독도를 오가고 독도에서 작업을 진행하던 1.25톤 덕진호에 고속엔진을 달아 평소 12시간 정도 소요되던 독도까지 걸리던 시간을 울릉도 최초로 9시간 까지 줄여 빠르게 독도와 울릉도를 오고갔다.

최종덕의 독도 생활사

살아가기 힘들었던 시절 최종덕은 울릉도에 살고 있는 주민들에게 독도에서 함께 생활하자는 말을 자주 했다. 한 울릉도 주민은 "그 분(최종덕)이 평소에 독도에 관심을 많이 가지고 있었는데, 평상시에 저 섬(독도)에 들어가 살아야 일본이 자기들 땅이라 말하지 못하게 하는 증인이 된다고 말하고, 독도에 내가 먼저 들어가 있을 것이니 자네도 들어와서 함께 생활하자고 자주 말했어요."라고 증언한다. 척박한 돌섬이 온전한 영토로 인정되기 위해서는 몇 가지 조건이 있었다. 나무와 물, 그리고 그곳에 사는 사람이다. 이 세 가지 조건이 완성되어야 나라의 영토로 인정한다. 일찍이 독도의 가치를 알아본 이가 바로 독도 최초주민 최종덕이다. 최종덕은 "섬에서 왜 사는가 하겠지만 와보면 그대로 사는 것도 괜찮아요. 내가 생각할 때는 양식을 해가지고 조금 활발하게 되면 주민들이 많이 들어와서 살았으면 좋겠어요. 제가 그걸 제 힘으로는 마련하고 싶어요."라는 당시 방송사와의 인터뷰 내용도 영상기록으로 남아있다. 남다른 생각으로 독도를 사랑하고 독도를 지킨 것이다.

울릉도에서 생활할 때 최종덕은 매일 새벽 4시면 하루의 일과를 시작했다. 새벽부터 일어나 일을 시작했고 조업이나 작업이 힘든 날씨면 항상 책을 보고 무언가를 연구했다. 그 버릇은 독도에서도 연결되어 누구보다 먼저 새벽이면 일어나 하루를 시작했다. 독도에 필요

▲덕진호 정박 모습

▲덕진호 항해 모습

한 물건들이나 기계를 개발하고 연구하는 것을 언제나 게을리 하지 않았고 새로운 것을 만들어 독도의 생활에 접목시켰다. 독도의 사정을 누구보다 잘 알고 있던 최종덕의 노력과 연구가 아니었다면 독도는 사람이 정착하기 어려운 공간이 될 수도 있었다.

독도 겨울바다는 1달에 1주일 정도만 작업이 가능할 정도로 열악한 환경이었다. 따라서 최종덕은 독도의 기상과 환경에 대해 많은 연구를 할 수밖에 없었다. 매일 아침 독도의 기상을 알기 위해 한국의 기상방송을 듣기보다 라디오를 통해 일본의 기상방송을 청취하였다. 당시 날씨나 기상의 예측은 우리보다 기술이 뛰어났던 일본의 기상방송을 들으면 독도의 기상에 대한 정보를 쌓아갔다. 그런 다양한 지식과 정보를 바탕으로 체득한 자신의 동물적 감각을 통해 바람이 어디까지 왔고, 며칠 후면 파도의 세기가 어느 정도일 것이라는 등의 예측을 할 수 있었다. 최종덕의 독도 기상에 대한 예측은 거의 대부분 맞아 떨어졌다. 당시 기상관측 장비가 그리 좋지 못했던 시절이라 물살과 바람의 방향 등에 대한 최종덕의 정보와 동물적 감각이 오히려 더 정확할 때가 많았다. 그런 축적된 지식을 가지고 있었기 때문에 독도에서 물질을 하던 해녀들 역시 최종덕에 대한 신뢰가 확고했다. 목숨을 걸고 하는 해녀들의 일은 특히 강력한 믿음이 없다면 함께 할 수 없는 일이라 최종덕이 배 위에서 지키고 있다는 것만으로도 마음 편히 물질과 해녀 머구리 일을 할 수 있었다. 최종덕이 없을 때 다른 사람과 작업을 하는 날이면 해녀들의 물질은 소극적이었고 불안해했다. 갑자기 작업을 중단시키고 덕골로 돌아오는 경우가 가끔씩 있었는데 의아해하는 해녀들에게 “바람이 터진다”는 말을 하고 급히 덕골로 돌아와 선가장에 배를 올렸다. 그러면 잠시 후 어김없이 강한 바람과 함께 큰 파도가 몰아쳤다. 최종덕은 바람이 어느 정도 와있고 얼마 후 바람과 파도가 시작된다는 것을 예상하고 있었던 것이다. 어떤 날은 작업을 마친 후 힘들어하는 해녀들에게 며칠 후면 태풍이 올 것이니 그때 며칠 쉴 수 있다고 말했고 며칠이 지나면 어김없이 태풍이 몰아쳐 해녀들이 쉴 수 있었다. 최종덕에 대한 해녀들의 믿음은 내 목숨을 맡겨도 된다고 할 정도로 거의 절대적이었다.

일본 어선과 순시선 저지

최종덕은 본인만의 감각과 기술을 활용해 여러 사람의 독도 생활을 편리하게 했다. 특히 독도경비대의 교대시간을 좌우할 정도로 정확한 예측이 가능했다는 것이다. 일본 어선이나 순시선 등이 독도에 접근하는 것을 발견하면 모든 작업을 중단하고 배를 몰고나가 접근을 저지시켰다. 아무도 알아볼 수 없을 정도의 먼 거리에서도 최종덕은 일본 배를 정확히 알아보았다. 일본 배들의 특징이나 모습에 대한 정확한 정보를 가지고 있었던 것이다. 일본 어선이나 순시선 등이 독도로 접근하면 1.25톤의 작은 덕진호를 가지고 일본의 순시선을 향해 쏜살같이 달려가 그 배를 쫓아냈다. 그 어떤 사람이 직접적인 관계가 없는 바다위에 떠있는 작은 섬을 위해 목숨을 걸고 총과 대포를 가지고 있는 적과 맞서 싸우려 할 수 있을까? 일본인들이 마음만 먹었다면 최종덕과 그의 배 덕진호는 순식간에 독도의 차가운 바다 속으로 사라졌을 수도 있었다.

하지만 최종덕은 일본의 어선이나 순시선이 보이면 물속에서 작업하던 해녀들을 빨리 배로 끌어 올리고 조금의 망설임도 없이 달려갔다. 함께 있던 선원들과 해녀들은 무서워하며 돌아가자고 사정하면 그때서야 추격을 멈추고 작업장으로 돌아왔다. 온 몸으로 독도의 바다를 방어하고 지켜나갔다. 시간이 지난 후 몇 번의 경험이 있었던 일본 배들은 최종덕의 배를 알아보고 저 멀리 최종덕의 배가 움직이면 바로 일본 방향으로 달아나기 바빴다. 최종덕은 독도를 지킨다는 말만 한 것이 아니라 일본에 대한 연구와 정보 수집을 통해 스스로 일본에 대응하고 직접 대한민국 경비선의 역할까지 하며 독도를 지킨 것이다.

독도경비대에 대한 지원과 협조

1952년 1월 18일 이승만 대통령의 평화선(인접해양주권에 대한 대통령 선언) 선포로 독도가 한국영토임을 국제적으로 선포하였으나, 1953년부터 일본은 본격적으로 독도침탈의 야욕을 드러내며 대한민국을 도발하기 시작했다. 독도에 순시선이나 시험선을 보내기 시작했고 독도에서 한국과 일본의 대립은 심화되었다. 일본은 독도가 시마네현에 속하며 일본정부의 허가 없이는 어떤 활동도 할 수 없다는 억지 주장을 하며 한국인의 독도 어로활동을 위협했다. 일본의 땅이라는 주장을 이어가던 1953년 6월 27일 일본의 수산시험선이 독도에 정박해 상륙한 후 '島根縣 隱地郡 五箇村 竹島'라고 쓰여 있는 나무기둥을 세운 사건이 일어났다.

이후 1954년 7월 대한민국 정부는 독도에 경비 인력이 지속적으로 상주할 수 있는 경비초소를 만들어서 운영하기로 결정하고 경북경찰이 경비업무를 시작했다. 1954년 12월 31일 독도의용수비대원 9명이 울릉경찰서 독도경비대원으로 특채되면서 독도의용수비대는 해산되었고, 경비임무는 울릉경찰서 독도경비대에 이관되었다. 사람이 살기에 매우 척박하고 거센 파도가 수시로 밀려오는 독도 바다의 특성으로 고립되는 일을 다반사로 겪기도 하는 독도에서 독도경비대의 생활은 녹록치 않았다. 그들은 사람이 머무를 수 있는 땅이 있고 동해 바다를 멀리 경계할 수 있는 동도 정상부에 초소를 짓고 살았으며 날씨로 인해 고립이 길어지는 경우 극심한 식량난을 겪기도 했다. 1997년 11월 6일에 독도 접안시설이 완공되기 전까지는 많은 어려움을 겪으면서 독도를 지키고 있었다. 현재 독도경비대는 독도 상주경비를 담당하는 소대급 경찰대로서, 울릉경비대에 속해 있다. 울릉경비대는 울릉도를 경비하는 2개의 지역소대와 독도를 경

▲경비대원 교대 사진–경비함은 먼 바다에

비하는 독도경비대로 구성되어 있고, 이 3개의 소대는 순환근무제에 따라 독도에서 약 2개월간 독도경비임무를 수행한다. 독도경비대는 독도 수호를 위한 주요 시설물을 유지관리하고 레이더 및 관측 장비를 활용하여 독도를 비롯한 동해의 바다를 지키고 있다.

최종덕이 서도에 터를 잡고 생활할 당시 동도에는 1개 소대병력의 경비대원들이 주둔해 있었다. 독도경비대에게 최종덕은 아버지와 같은 존재였다. 독도에서 생활하는데 필요한 부식이나 보급품은 물론 경비대원들의 인원교체까지 대부분 최종덕의 손을 거쳐 전달되고 이뤄졌다. 독도경비대원 교대의 경우는 매월 25일에서 30일 사이 한 달에 한 번씩 이뤄졌다. 약 일주일 정도의 기간을 둔 것은 독도의 날씨는 변화가 심해 예측하는 것이 너무 어려웠기 때문에 발생되는 어쩔 수 없는 선택이었다. 얼마 후 전역을 앞둔 수경들에게는 단 며칠, 몇 시간이 지옥과도 같은 시간이었겠지만 그들도 이해하고 수긍하며 지냈다. 그리고 독도경비대에서는 종잡을 수 없는 바다 날씨 때문에 교대를 할 수 있고 잔잔한 날이 언제쯤 되겠냐며 최종덕에게 조언을 구하고 그에게 먼저 물어보고 확인한 다음 교대 날짜를 잡았다. 독도에서 1년에 약 10개월 정도 생활했던 최종덕이 없었다면 독도경비대원들의 인원 교대와 부식의 전달이 쉽지 않았을 것이다. 독도경비대 대원들은 최종덕과 서로 상부상조하면서 도움을 주고받았고 서로에게 꼭 필요한 파트너가 되었다.

당시 독도에는 동도와 서도 양쪽 모두에 배를 정박할 수 있는 선착장이나 접안시설 자체가 없었다. 503·505·506 경비 함정의 크기는 독도에 접근이 어려웠다. 또 바다 속 많은 암초와 장애물들로 인해 직접 독도에 접안해 보급품과 부식을 옮기고 인원을 교대한다는 것이 불가능한 일이었다. 경비정이 멀리 정박하는 것이 보이면 최종덕은 덕진호에 교대할 경비대원과 울릉도로 보낼 자료 등 독도경비대의 요청을 받은 사람들과 물건을 가지고 바다로 나간다. 그리고 다시 경비정에 교대 인원을 태우고 부식과 보급품을 가득 싣고 동도로 돌아와 독도경비대에게 전달한다. 단순해 보이는 작업 같지만 동도의 경비대원들에게는 생명줄과 같은 것이었다. 한 달 동안은 보급을 받을 배가 없기도 하고 또 앞으로 얼마 후 보급을 받을 수 있을지 아무도 예측할 수 없는 독도의 생활을 잘 알고 있었기 때문에 아주 중요한 일이었다.

▲떠나는 경비대원과 아쉬운 작별주

당시 독도경비대원들이나 울릉도 경찰서 사람들, 그리고 해안경비대 사람들은 최종덕을 국가유공자로까지 칭했을 만큼 최종덕의 역할은 중요하면서도 큰일이었다. 정부에서 고위 관료나 경찰청의 높은 사람들이 울릉도나 독도를 방문하면 최종덕은 먼저 나가 마중을 하거나 먼저 고개를 숙이지 않았다. 독도에 관해서는 누구보다 자부심이나 자존감이 강했다. 어느 누구든 최종덕을 별도로 찾아가 감사의 인사를 전하는 것이 당연했고, 1977년에는 경찰청장의 표창이 수여될 정도로 울릉도 경찰과 독도경비대에게는 고마운 존재였다. 특히 독도의 기상과 날씨에 관해서는 기상청의 날씨예보 보다는 최종덕에게 많이 의존했다.

경험에 의한 날씨 예측

최종덕의 날씨를 예측하는 능력은 많은 정보의 축적과 수없이 바다와 맞서 싸웠던 경험을 통해 이뤄졌다. 당시에는 예상할 수 없었던 며칠 후의 파도와 날씨의 변화를 미리 알고 대비와 준비를 철저히 했기 때문에 독도에 살았던 경비대원들을 비롯한 모든 사람들의 생활이 더욱 안전할 수 있었던 것이다. 이런 이유로 독도의 독도경비대와 울릉도의 경찰들, 그리고 군청의 사람들도 독도에서 무엇이든 하려면 최종덕을 찾아 미리 조언을 구할 수밖에 없었다. 특히 겨울철의 독도는 거센 파도로 인해 일주일, 길게는 이십일씩 꼼짝없이 집안에만 있어야 하는 일이 자주 발생했다. 그런 날이면 육지에서 울릉도로 오는 배도 끊어지고 울릉도에서 독도로 들어오는 배는 당연히 움직이지도 못하고 울릉도 항구에 정박해 있어야 했다. 울릉도는 특성상 육지에서 정기적으로 출발해 들어오는 여객선이나 화물선의 운항이 중지되어 보급이 끊어지는 기간이 길어지면 모든 것이 정지 상태가 된다. 쌀을 비롯한 식자재는 물론 차량이나 선박을 움직이는 연료 등 생활에 필요한 아주 사소한 것 까지 거의 모든 것들을 육지에서 공급받아 생활해야했기 때문에 기간이 길어지면 필요한 생필품뿐만 아니라 라면조차 구하기 힘들 정도였다. 바다 환경이 더욱 열악했던 독도에서는 이런 상황을 대비해 몇 개월 치의 식량은 미리 준비를 하고 있었기 때문에 집에만 있어야 하는 불편 이외에 다른 걱정은 크게 없었다.

술에 대한 철저한 관리와 무사고

문제가 되는 것 한 가지는 바로 '술'이었다. 독도에서 술은 너무 귀한 것이라 최종덕은 울릉도에서 독도로 들어올 때 술을 준비해 아무도 모르는 곳에 숨겨 두었다. 독도의 경우 습기가 많은 기후 때문에 선원들은 술이 더 필요했고, 최종덕은 술을 가져와 비축해 두었다가 필요할 때 조금씩 꺼내 선원들에게 보급해주었다. 너무 많이 마시면 다음날 일에도 지장이 있었고 무엇보다 사고의 위험성이 있었기 때문에 적절히 조절해서 나눠 주었다. 술을 통제하거나 절제 시키지 않으면 사고가 발생할 가능성이 항상 존재했지만, 최종덕은 선원들을 다독이고 관리하면서 선원들의 술주정 문제는 없었고, 24년이라는 독도 생활 동안 단 한 번의 사고도 없었다. 물론 다치거나 부상당한 사람도 발생하지 않았다. 이 선원들이 5~6개월 정도 독도에서 생활한 후 울릉도로 돌아갈 때면 일인당 벌어가는 돈의 액수가 뱃사람들의 평균 수익보다 많은 돈을 손에 쥐고 돌아갔다. 왜냐하면 당시 울릉도 겨울철은 어업활동을 하거나 일자리가 많지 않았기 때문이다. 최종덕은 그만큼 철저히 관리하고 선원들의 생활도 확실하게 보장해 주었다.

독도에서 술에 대한 일화를 하나 더 소개한다. 파도가 높고 날씨가 좋지 않아 울릉도에서 오는 뱃길이 막혀 보급이 늦어지면 술을 구하기 위해 선원들은 거센 독도의 파도를 뚫고 바다로 뛰어들어 독도경비대가 있는 동도로 갔다. 맨몸으로 그냥 갈 수 없는 물길이라 한명이 대표로 허리춤에 밧줄을 묶고 헤엄쳐 동도로 향했다. 나머지 사람들은 그 밧줄을 붙잡고 물살에 떠내려가는 것을 막았다. 혹시나 모를 불상사에 대비해 여러 명이 같이 밧줄을 붙잡고 있었다. 동도로 향해 헤엄쳐 가면 동도의 경비대원들이 미리 내려와 기다리고 있었다. 경비원들에게 술과 과자를 받아 다시 헤엄쳐 서도로 돌아오는 길은 더욱 힘들었다. 물에 젖으면 안 되는 물건들은 머리에 묶어 바다에 빠지지 않게 하고 술은 해녀들이 사용하는 망태기에 넣어 몸에 감아 서도로 출발하면 서도의 사람들은 힘을 모아 떠내려가지 않게 줄을 당겼다. 한번은 파도가 잔잔한 날 밤에 동도의 경비대원들이 몰래 배를 타고 서도로 넘어와 잡아놓은 소라나 전복 등을 가져가 술안주로 사용하기도 한 일화도 있다. 지금은 절도죄로 형사처벌 대상이 되겠지만 당시 최종덕은 한번만 더하면 경찰에 신고한다며 웃으며 넘어갈 정도로 사이가 돈독했고 경비대원들이 최종덕에게 많이 의지했다.

6

창의적인 재능과 포기하지 않는 열정

6
창의적인 재능과 포기하지 않는 열정

독도에서 사업으로서의 어업

최종덕은 물골에 자리를 잡고 바다미역과 전복 등 여러 수산물을 조사하고 사업성을 검토하며, 울릉도와 독도를 수도 없이 오고갔다. 독도에서 살며 독도에서 생활을 유지하고 돈을 벌어 육지에 있는 자식들의 공부를 시킬 수 있는 것이 가능한 일일까? 독도에서 채취하거나 잡을 수 있는 수산물들은 대부분 지금까지 잡아오던 것들이 대부분이지만 또 다른 부분을 확인해야만 했다. 정착을 생각하던 물골은 치명적인 단점이 있었다. 바람과 파도를 막아줄 어떤 것도 존재하지 않았다. 특히 파도가 조금이라도 크게 밀려오는 날이면 어김없이 모든 물건들을 챙겨 산위로 올라가야만 했다. 독도를 한번이라도 가본 사람이라면 알 것이다. 독도의 바위들은 쉽게 부스러지고 무너져 내리는 특성을 가지고 있다. 파도를 피해 위로 올라가는 것도 쉬운 일이 아니었다. 식수가 가장 중요하지만, 돌풍과 파도를 피할 수 있는 집이나 움막이라도 짓고 살 수 있는 공간이 없다면 사람이 생활할 수는 없다.

1965년 최종덕은 독도 어장을 관리하던 울릉군 도동어촌계로부터 입어료를 지불하고 1종 공동어장, 즉 독도 어장에 대한 수산물 공동 채취권(1965년 2월 25일 경북면허 830호)을 획득하였으며, 본격적으로 독도어장에서의 채취 작업을 시작한다. 이와 동시에 상주를 위한 필수 조건인 물골의 식수를 깨끗하고 안정적으로 확보하기 위한 노력과 물골의 정비에 착수하였다.

물골 정비와 식수 해결

물골을 최초로 발견한 사람은 누구인지 알 수 없으나 일제강점기 시절부터 독도의 식수원으로 인식되어 왔다는 기록이 있다. 러일전쟁 당시 관측소를 만들어 동해를 감시했던 일본군의 주요 식수원이었을 것이다. 독도에서 식수를 구할 수 있다는 기록은 일본 군함 신고호(新高號)가 러일전쟁 중인 1904년 9월 25일에 작성한 행동일지에서 확인할 수 있다. 행동일지는 독도의 한자표기인 '獨島'가 기록된 최초의 문헌이기도 하다. 신고호는 일본 해군이 동해의 해상권을 장악하기 위해 울릉도와 독도에 망루를 세우려고 파견된 배였다. 독도에 주둔한 일본군들도 물골의 물이 없었다면 오랜 시간 독도에서 동해를 감시하지 못했을 것이다.

물골의 물맛은 어떨까? 일반적인 물맛과는 조금 다른 맛을 낸다. 1950~70년대 독도의 물골에서 물을 마셨던 제주해녀들의 증언에 따르면, 물골의 물은 약간 짭쪼름 했다고 한다. 실제 측정 결과, 염분 농도가 약 2psu(주변 바닷물은 32~34psu)이었다. 강한 바람과 높은 파도에 의해 물골로 흘러들어오는 토양에 바닷물이 묻어있거나, 물골 내부로 강한 파도에 의해 해수의 일부가 유입된 결과로 판단된다.

지금은 정부가 물골 앞 방파제공사를 해줘서 염분 농도가 약 2psu 정도의 약간 짠 맛을 내지만 최종덕이 물골에 터를 잡고 물골의 물로 생활할 당시는 방파제나 물을 담아두는 저수조가 없었던 상황으로 파도가 치는 날이면 바닷물과 별반 차이가 없었다. 파도가 바로 물골로 밀려들어가 바닷물과 섞이는 바람에 이용할 수가 없어 파도가 잔잔하고 맑은 날 물을 다 퍼내고 다시 물이 고이기를 기다려야했다. 이런 불편을 해소하기 위해 최종덕은 물골의 물을 저장하기 위한 정비공사를 시작했다. 처음에는 샘 주변을 정리하고 시멘트를 이용해 바다 쪽을 막고 슬레이트 몇 장으로 위를 가려 갈매기들의 배설물을 피하는 정도였지만 이 후 골짜기 물이 고이는 주변의 돌을 깨내고 정리하여 반듯한 형태로 만들고, 뚜껑을 덮어 주변에서 들어오는 오염 물질들과 짠물들을 막았다. 또 바다와 맞닿은 입구 쪽은 방파제를 높이 쌓았다. 직접적으로 파도가 들이칠 수 없도록 방어막을 만든 것이다. 물이 바닷물과 섞이거나 특히 갈매기들의 배설물이 들어가지 않도록 견고하게 만들어 졌다. 아무런 장비도 없이 사람들의 맨손으로 직접 땅을 파내고 그곳에 쇠파이프를 깊이 박아 기둥역할을 대신했다. 하지만 개인이 혼자 감당하기에는 여간 부담스러운 일이 아니었다. 우선 울릉도에서 많은 자재를 직접 배로 실어 와야 하는 어려움뿐만 아니라 날씨와 파도가 허락해야만 공사를 할 수 있었다. 그리고 공사비용도 만만치가 않아 물골의 급수시설 공사는 시간과 노력이 많이 들어갔다. 상당시간 일과 공사를 병행하며 쉬는 날 없이 진행하여 물골의 정비를 완료하게 되었다. 본격적인 독도 상주에 들어간 최종덕은 샘을 만들고 자연 상태의 흘러내리는 물을 저장, 안정된 식수를 확보함으로써 사람의 생명유지에 가장 필요한 '물'이라는 필수 항목을 완성시킴으로써 장기 거주의 발판을 마련하였다.

물골의 물은 정기적으로 물을 빼고 청소를 말끔히 하였다. 정기적 청소가 이루어졌어도 파도를 완전하게 막을 수 없어서 독도의 물골 물은 일반 물과 달리 짠 기운이 많이 남아 있었다. 귀한 물골의 물을 저장하기 위해 옮기는 것도 보통 일이 아니었다. 물골에서 덕골의 숙소까지 물을 길러 올 때는 파도가 호수 같이 아주 잔잔한 날을 골라 물골에 배를 대놓고 호스를 연결해 배에 실어 숙소가 있는 덕골로 옮겼다. 덕골에 만들어둔 물탱크에 다시 옮겨 담았다. 거의 하루 종일 일을 해야 물탱크를 가득 채울 수 있었다. 가득 채워진 물탱크의 물은 몇 개월 동안 오로지 식수로 사용할 수 있을 정도의 양이었다. 어렵게 채워진 식수는 대부분은 마시는 것과 밥을 할 때 사용되는 것으로 밥을 할 때에도 우선 바닷물로 쌀을 씻은 후 물골의 물을 이용해 마지막 헹굼과 밥 짓기를 할 정도로 아껴 써야했다. 물골의 물로 지은 밥은 일반적인 물로 지은 밥과는 차이가 있다. 물속에 소금기가 남아있어 짠맛을 냈다. 밥이 식으면 짠맛이 더욱 강해져 짜다 못해 쓴맛이 날 정도였다. 국을 끓여도 쓴맛이 났다. 독도에 처음 들어간 사람들은 이 짠맛과 쓴맛에 적응하는 시간이 제법 걸렸다. 물을 최대한 적게 먹으려했고 참고 있다 도저히 참지 못할 정도가 되면 물을 마셨다. 최종덕이 물골의 방어막을 만들지 않았다면 짠맛은 더욱 강했을 것이고 물골의 물을 먹는데 더 많은 적응기를 거쳐야만 했을 것이다. 독도에서는 민물로 세수를 하고 목욕을 하는 일은 비오는 날만 가능했다. 빗물이 골짜기를 따라 흘러내리므로 이 물을 받아 사용했기 때문이다. 가끔 노는 날에는 선원들과 해녀들이 함께 산을 넘어 물골로 목욕 겸 간단한 빨래를 하러 가기도 했다. 물골로 가는 길은 최종덕이 만들어 놓은 로프를 붙잡고 산을 올라가야 했기 때문에 남자 선원들의 도움이 꼭 필요해 함께 갈 수 밖에 없었다. 이렇게 쉴 수 있는 시간 목욕을 하러 가는 날은 완전히 소풍가는 것처럼 도시락을 싸서 다 같이 물골로 향했다. 가는 길에는 춤도 추고 노래도 하며 험한 서도의 산길을 넘어갔다. 오랜만에 목욕과 빨래를 하고 도시락도 먹으며 즐거운 시간을 보냈다. 또한 이런 날에는 반드시 물골 물탱크

청소를 깨끗하게 해서 물을 잘 관리했다. 돌아오는 길에 다시 흙길로 된 산을 넘어와야 되기 때문에 집에 도착하면 온통 흙투성이가 되었다. 목욕을 하고 온 보람은 없지만 하루 편하게 쉬는 소풍 같은 날이면서 물골의 샘을 청소하는 날이어서 기분은 좋았고 계속해서 힘든 독도의 작업을 이길 수 있는 힘을 주었다.

독도의 시설물 공사

독도의 공사에 직간접적으로 최종덕이 관여할 수밖에 없었던 이유는 독도의 기후와 바위의 특성을 제일 잘 알았기 때문이다. 독도에 관해 분석이 필요한 특별한 공사의 경우 그의 조언을 받으며 공사를 진행했다. 무인도와 같은 섬에서 공사가 가능한 인부도 없던 열악한 상황이기도 했다.

1981년 여름, 당시 전두환 대통령 취임기념으로 동도에 헬기장 건설이 시작되었다. 동도의 독도경비대 막사 위쪽에 위치한 헬기장 건설을 시작으로 독도의 시설공사들이 본격적으로 이루어졌다. 헬리콥터가 뜨고 내리는 이착륙장을 만드는 것은 일반인들이 할 수 있는 일이 아닌 전문가의 작업이 필요한 중요 시설이라 대형 전문건설사가 참여했다. 당시 D건설이 공사를 맡았고 해병대 1사단의 공병 중대가 물자운반과 설치를 지원하고 철근 등 자재는 해군의 수송선을

▲동도 선착장 내려가는 공사

이용해 운반했다. 최종덕은 헬기장으로 올라가는 계단공사 등 일부분의 공사를 도와주면서 참여했다. 여름철은 태풍 등으로 조업일수가 적어 경제적인 어려움이 있는 시기로 공사를 통해 선원들과 해녀들의 일당을 보전해 줄 수 있었다. 이때 최종덕의 딸 최은채도 함께 지내며 독도의 특성을 설명하고 많은 조언을 통해 건설을 도왔다. D건설 관계자부터 해군과 해병대에 이르기까지 모두 최종덕을 찾아와 조언을 구하고 도움을 부탁했다. 특히 독도에서의 공사는 바람과 파도의 흐름을 잘 알아야 하기 때문에 그의 도움이 반드시 필요했다.

독도는 동도와 서도 두 개의 섬과 그에 딸려있는 동키바위, 군함

바위, 탱크바위 등 89개 부속 도서로 이루어져 있다. 당시 최종덕이 부르던 바위 이름과 현재 부르는 명칭은 차이가 있다. 이중 가장 필요한 위치에 있는 동키바위가 먼저 공사의 대상이 되었다. 동키바위는 원래 바다미역을 채취하던 해녀들이 잠시 쉬었던 곳으로 독도경비대 막사 아래쪽에 위치해 있다. 이곳은 작은 선박이 접안할 수 있는 바위로 이뤄진 섬이며 독도경비대의 물품을 운송하는 삭도(索道)가 설치된 곳으로 물건을 올리는 기계장치(일본어 '동키')를 설치한 곳이라는 뜻에서 동키바위라 불리던 곳이었다. 경비대에 필요한 보급품과 부식을 경비정을 통해 보내오면 최종덕이 덕진호로 옮겨 싣고 동키바위로 가져와 해발 98미터에 위치한 경비대와 연결된 삭도를 통해 올려 보냈다. 하지만 선착장으로 쓰기에는 불편한 점이 많았다. 거칠고 날카로운 바위의 표면으로 선박의 파손 위험을 감수해야만 하는 곳이었다. 조금 규모가 있는 배는 접근조차 할 수 없었다. 하지만 경비대로 향하는 삭도를 설치하기에는 가장 안전하고 가까운 거리의 장소였기 때문에 어쩔 수 없이 이용하던 곳으로 1981년 안전한 접안과 삭도 이용을 위해 공사를 시작했다. 이때만 해도 최종덕은 건설이나 공사에 대해서 전문가적인 지식은 없었지만, 함석으로 된 집과 시설들을 직접 만드는 정도의 수준은 되었다. 울릉군과 독도경비대의 부탁으로 최종덕은 전문가는 아니지만 공사를 맡게 되었다. 바다에 관한 것은 누구보다 잘 알고 있던 최종덕이었지만 이런 전문적인 공사는 처음이었고 배워가면서 공사를 할 수밖에 없었다. 결국 최종덕의 비상한 머리는 아무런 문제없이 공사를 완료했고, 어느 정도 규모의 배가 선착장을 이용할 수 있도록 설계하고 그렇게 공사를 완료했다. 우선 다이너마이트를 준비하고 동키바위 이곳저곳을 며칠 동안 꼼꼼하게 살폈다. 물의 흐름과 배를 정박할 방향을 정하고 배가 안전하게 동키바위로 올 수 있는 길을 잡아 폭파할 장소와 방향을 지정했다. 계획이 설정되자 최종덕은 함께 일하는 해녀들을 불러 바다 속 지정한 위치와 방향으로 다이너마이트의 설치를 지시하고 안전을 확보한 후 바다 속 암초들을 폭파시켜 선착장을 만들고 정박할 수 있는 깊이를 확보했다. 독도의 바다 속을 가장 잘 아는 사람들은 해녀들이었다. 위험한 폭파도 해녀들의 도움이 없었다면 불가능 했을 것이다. 거친 바위표면은 동키바위 주변으로 거푸집을 둘러쳐 시멘트를 이용해 위험요소를 줄이고 깔끔하게 마무리했다. 공사가 완료된 후 설치된 삭도의 안정성도 보장할 수 있게 되었고 독도경비대는 한 달에 한 번씩 이루어지는 보급 역시 쉽고 안전하게 받을 수 있게 되었다.

동키바위 공사를 시작으로 1982년 3월에는 정부예산을 받아 물골의 방파제 및 물탱크 보수공사를 진행했다. 직접 물을 떠서 사용했던 불편함을 개선하기 위해 방파제를 더 크고 두텁게 보수하고 아랫부분에 수도꼭지를 만들어 취수를 더욱 편리하게 만들었다. 1982년 7월에는 동도의 선착장 계단공사를 인부 4명을 별도로 고용해 동도의 1초소에서 지내며 공사를 진행했다. 좁디좁은 오솔길 절벽에 길을 만드는 일이라 쉽지만은 않았다. 절벽에 방향을 잡고 돌을 깨가며 계단을 한 칸씩 만들어 길을 완성했다. 최종덕의 딸 최은채는 인부들의 식사를 챙기며 아버지를 도왔다. 1983년부터 1985년까지 서도의 어민보호소에서 물골로 가는 '물골 계단' 역시 정부의 예산을 받아 최종덕이 직접 인부들과 함께 만들었다.

사촌 최종찬과 딸 최은채의 지원

독도에서 공사를 진행할 때 가장 큰 도움을 준 사람은 바로 사촌 동생 최종찬이다. 최종찬은 1965년부터 87년까지 매년 함께 독도에 머물면서 기관장, 선원, 사공, 인부로서 최종덕의 오른팔 역할을 해줬다. 남들이 하기 싫어하는 허드렛일이나 귀찮은 일은 최종찬이 도맡아 해줬다. 딸 최은채는 1979년 10월26일 처음 독도에 들어와 아버지 최종덕의 일을 도왔다. 당시 17세의 어린 나이로 독도에 들어온 최은채는 건조작업과 정리를 비롯해 선원들과 해녀들의 식사를 책임지는 일을 했다.

최은채는 독도경비대원들 사이에서 독도깡패, 독도물개 등 별명으로 불렸는데 즐겁고 밝은 성격과 친화력을 바탕으로 경비대원들과 가까이 지내며 힘들고 외로운 독도에서의 생활을 이어나갔다. 최은채가 미역 작업을 하던 어느 날 휴식을 취하던 경비대원들이 동도에서 서도로 조그마한 철선을 타고 나름 소풍을 왔다가 수영시합을 하게 되었다. 경비대원 5명이 함께 시작하게 되었는데, 잔잔해 보이지만 독도의 바다는 물밑으로 지나가는 물살의 움직임을 모르면 물살에 휘말려 떠내려가기 일쑤였다. 바다 속의 물살을 모르던 경비대원 5명 전원이 물살에 떠내려가 포기하고 최은채만 왕복에 성공했다. 이때부터 경비대에서는 '독도의 딸'이라 부르며 독도깡패, 독도물개 등 별명을 지어 불렀다. 최은채는 독도에서 생활하는 동안 아버지 최종덕으로부터 독도에 대한 많은 지식을 배웠고 조금씩 독도에 적응하며 어머니 조갑순을 대신해 아버지 최종덕의 뒤에서 물심양면 최선을 다해 노력했고 최종덕 역시 딸 최은채에게 많이 의존하며 함께 독도를 일궈나갔다. 최종덕과 함께 공사를 진행 할 때에도 인부들의 식사를 챙기는 한편 일손을 보태며 한 사람 이상의 몫을 해냈다. 최종덕은 이런 최은채를 보며 측은하고 안타까운 마음이 들었을 것이다.

최종덕은 "지금은 너희들 보는 눈에 아무것도 아닌 거 같이 보이지만 훗날 내가 여기에서 터를 잡고 살고 내가 주민으로 살았던 게 얼마나 국가적으로 큰 가치가 있는지 내가 죽고 난 뒤엔 알거다. 한반도의 반을 준다고 해도 독도와 바꾸지 않을 것이다."라고 말했다. 최종덕은 우리 후손에게 물려줄 소중한 독도를 딸 최은채를 보며 다시 한 번 생각하고 마음을 가다듬었을 것이다. 최종덕이 직접 독도에 거주한 24년 동안 10여 차례 넘는 공사를 진행했다. 독도에서 이루어지는 크고 작은 공사에 최종덕은 대부분 참여하여 보다 손쉽게 다른 사람들이 독도에 적응하도록 직접적인 정보를 주고 독도 발전에 기여했다.

물골 계단 너머

최종덕이 진행한 독도의 공사 중 가장 특별했던 공사가 있었다. 바로 1983년부터 시작한 서도의 '물골 계단'(공사할 당시에는 그냥 '물골 가는 계단'이라고 불렀는데, 2000년 이후 '998계단'으로 부르지만, 실제로 998계단이 아님). 독도에서 생활하는데 있어 가장 중요한 식수를 공급해 주던 곳인 물골, 오랜 기간 자연적인 상태 그대로 이용하던 물골의 물을 필요할 때 깨끗하게 사용할 수 있도록 물막이 공사와 정비를 처음으로 진행한 최종덕의 노력으로 귀한 샘물을 언제나 쓸 수 있게 되었으나 문제는 물골로 가기 위해서는 배를 이용하거나 밧줄을 타고 산을 넘어 가야 한다는 것이었다. 밧줄을 타고 물골로 넘어갔다 오면 온 몸이 흙투성이가 되고 몰골은 말이 아니었다. 따라서 최종덕과 일부 선원, 해녀는 험한 산길을 헤치고 올라 다닐 수 있었지만, 다른 사람은 길이 없고 험해서 다니기 어려웠다. 즉, 마음대로 편리한 시간에 이용하기에는 많은 불편과 제한이 있었고 아무나 다닐 수 없는 지형이었다. 파도와 바람의 영향을 너무 많이 받았기 때문에 날씨가 좋지 못하면 갈 수가 없었다. 여기에 더해 독도에 순간적으로 들이치는 '돌풍'은 그야말로 태풍 수준의 강력한 위력을 가지고 있어 언제나 주의를 기울이지 않으면 바로 큰 사고로 이어졌다. 인간이 예측할 수 없었던 자연의 힘 앞에 사람은 나약한 존재일 수밖에 없었다.

그러다가 1982년 11월 사람이 목숨을 잃는 안타까운 사고가 일어나고 말았다. 바람 없이 파도가 잔잔하고 날씨가 맑은 날이면 경비대원들이 '경비대 철선' 또는 '뗏마'라 불리는 철판으로 만든 작은 배를 이용하여 물골로 빨래와 목욕을 위해 가곤하였다. 그 날도 파도가 잔잔하고 바람이 없는 날씨를 이용해 몇몇이 빨래를 위해 물골로 갔다. 빨래와 목욕을 하는 등 평소 풍족하게 쓸 수 없었던 샘물을 오랜만에 마음 껏 사용하고 빨래통을 들고 서도의 경비대로 돌아오기 위해 철선에 올랐다. 평소 물골을 이용하던 때와 똑같이 파도는 잔잔했고 바람도 없는 평온한 날씨였다. 빨래와 목욕을 기분 좋게 마치고 물골에서 동도로 출발할 때 갑자기 불어온 태풍급 돌풍과 파도에 철선이 전복되어 경비대원들이 물에 빠졌다. 급히 구조를 하려했으나, 독도경비대장 주경사와 경비대원 권수경이 물에 휩쓸려 빠져나오지 못하고 목숨을 잃었다. 경비대원들은 기본적으로 일정 수준 이상의 수영실력을 가지고 있었지만 갑자기 불어 닥친 돌풍과 파도에는 속수무책 당할 수밖에 없었다. 독도의 물살은 수영선수라 해도 쉽게 이기기 어려운 곳이었기 때문이다.

당시 최종덕은 울릉도로 일을 보러 나가 있었고 경비대원들을 도울 방법이 없었다. 울릉도로 나간 사이에 사건이 일어난 것을 뒤늦게 알았던 최종덕은 '내가 울릉도에서 조금만 일찍 왔으면 이런 일이 생기지 않았을 텐데'라는 자책과 함께 안타까운 심정을 토로했다. 이 사건으로 인해 울릉군청과 울릉경찰서는 언론과 정부로부터 많은 질책과 비난을 받았다. 후속 대책을 마련하기 위해 울릉군청과 울릉경찰서는 고심을 하고 회의를 거듭하고 있었다. 하지만 독도의 사정을 잘 모르는 사람들은 갑론을박하며 서로 책임을 떠넘기기에 바빴다. 그 누구도 책임을 지거나 반성하려하지 않았고 서로에 대한 비난만 쏟아냈다. 대책 없이 시간만 흘러가고 있었다. 스스로에 대한 자책과 안타까움으로 힘들어하던 최종덕은 답답한 나머지 해결책을 들고 울릉군청을 찾아갔다. 최종덕은 군청 관계자와 울릉경찰서 관계자들에게 "동도에서 어민보호소가 있는 서도로 오고가는 것은 힘든 일이 아니다. 물골에서 덕골로 넘어가는 계단만 있었다면 이번과 같이 젊은 대원들이 목숨을 잃는 비극이 발생하지 않았을 것이다"라며 울릉경찰서와 울릉군청에 계단공사를 해야 한다고 강력히 요구하였다. 최종덕의 건의를 받아들인 울릉군청은 지방정부에 계단 공사의 필요성에 대해 설득하고 예산을 달라고 요청했다. 언론과 보고를 통해서 이미 알고 있던 지방정부는 군청의 요구를 받아들여 계단공사가 이루어지게 된 것이다.

물골 계단 공사를 처음으로 입찰을 받아 시작한 업체는 울릉도의 S건설이라는 회사였다. S건설은 계획서를 울릉군청에 제출해서 승인을 받아 계단공사를 위해 독도에 현장소장을 비롯해 몇 사람의 인부들이 함께 독도에 들어왔다. 쉬운 공사라 생각하고 독도에 도착한 현장소장은 현장상황을 확인한 후 심각한 고민에 빠졌다. 그들은 아무런 일도 시작하지 못하고 일주일 만에 공사를 포기하고 독도에서 도망치듯 떠났다. S건설이 손해를 보며 공사를 포기한 이유는 독도의 사정을 정확하게 모르고 일반 계단 공사로 생각해서 입찰에 응한 것이고 울릉군청 역시 독도에 대해 잘 모르는 상황에서 공사를 승인한 것이다. 독도의 바람과 바위의 상태 등을 모르고 만든 계획서로 기초적인 정보도 없이 만든 것으로 공사 계획 자체가 잘못된 것이었다.

S건설의 포기 이후 몇몇 업체의 방문이 있었으나 직접 독도에 도착해 상황을 보고나면 바로 공사를 포기하고 돌아갔다. 공사를 하는 사람이면 누가 봐도 거의 불가능에 가까운 일이라는 것을 알 수 있었다. 결국 울릉군청과 울릉경찰서는 여러 방면으로 다른 업체를 찾으려 했으나 찾을 수 없었고 시간만 흐르고 있던 상황에서 독도의 상황을 가장 잘 알고 많은 독도 공사를 진행한 독도 주민인 최종덕에게 공사를 부탁하게 되었다. 최종덕은 힘든 일이라는 것을 알았지만 앞으로 더 일어날지 모르는 경비대원들의 안타까운 죽음을 더 이상 볼 수 없었다. 아무도 나서지 않는 상황이었고 울릉군청이나 업체에서도 달리 방법이 찾지 못해 독도의 계단공사를 시작할 수밖에 없었다. 최종덕은 울릉군청을 다시 방문해 공사 설계도와 소요비용 등을 확인하고 공사를 진행할 준비를 했다. 그런데 울릉군청에서 설계한 설계 도면은 도저히 독도에서 진행할 수 없게 설계되어 있었다. 수직에 가까운 급경사를 일자 형태로 계단을 만드는 방식으로 설계가

되어 있던 것이다. 독도의 상황을 모르는 사람들이 공사비의 절감만을 위한 탁상공론(卓上空論)의 결과로 설계 도면을 만든 사람이 독도에 들어와 현장을 살펴보거나 암반의 특성을 알아보지도 않고 공사비에 맞춰 설계를 진행한 것이다. 서도에 직접 와서 살펴본 것이 아니라, 동도 섬에서 또는 배를 타고 먼발치에서 바라보기만 하고 설계도를 그린 것이라 현장에 적용하기가 쉽지 않았다.

독도의 바위는 잡고 흔들어보고 확인한 후 올라가야할 정도로 너무 쉽게 부스러지는 특성이 있었고 특히 서도의 경사는 거의 수직에 가까웠다. 도대체 어떤 근거로 이렇게 설계한 것인지 알 수가 없었다. 최종덕은 애초 독도의 특성을 고려해 지그재그 형태의 계단을 구상했었다. 다만, 이미 완성된 설계도면을 무시할 수 없어 일직선으로 공사를 할 수밖에 없었다. 더구나 당시 울릉도의 물가는 육지에 비해 턱없이 높았기 때문에 더욱 어려움이 많았다. 육지에서 멀리 떨어진 섬의 특성을 생각하면 운송비를 포함해 이해가 가는 부분은 분명히 있지만 부족한 공사비용으로는 감당할 수준이 아니었다. 넉넉하지 않은 공사비용으로 모래나 자갈, 시멘트 등 모든 재료를 구입해 쓰는 것이 불가능한 실정이었다. 최종덕은 독도에서 구할 수 있는 재료를 생각하고 공사비를 줄이는 방법을 고민했다. 부족한 비용을 감안해 공사하는 다른 방법을 찾아야만 했다. 특히 독도는 물자의 수급뿐만 아니라 수송자체도 어려운 곳이라 대부분의 자재를 독도에 있는 재료를 선택해 자체적으로 해결해야만 했다. 배로 실어온 시멘트

외에는 아무것도 없는 상태로 계단을 만들 때 꼭 필요한 자갈을 우선 해결해야 했다. 최종덕은 독도에서 함께 생활하고 있던 사람들과 섬 주변과 산을 뒤지기 시작했다. 주변에 떨어져 있던 작은 돌들을 모으고 부족하면 큰 돌을 깨서 충당하기로 하고 공사를 시작했다. 독도의 모래는 서도 물골 옆 동굴 속에 많이 있었고, 또 동도 앞 동키바위 아래 바다 속에 일부 있었다. 바다 속 모래는 해녀들이 컴프레서와 연결된 호스를 가지고 수면에서 10미터 아래로 내려가 모래가 모여 있는 부분에 꽂아 넣어두면 배 위에서 뽑아 올렸다. 강력한 흡입력으로 모래를 뽑아 올리는데 해녀들이 빨리 빠져나오지 못하면 큰 사고로 이어질 수 있어 많은 주의가 필요했다. 독도에서 최종덕과 가장 오래 함께한 제주 해녀 고순자는 순식간에 팔까지 빨려 들어가서 다칠 뻔한 일도 있었다. 올라온 모래는 배를 이용해 공사장으로 옮겨졌다. 물골 옆 동굴 속에 있던 모래는 동굴 속으로 직접 들어가 손으로 모래를 자루에 담아 올렸다. 시멘트를 섞을 때 사용하는 물은 물골에서 가져온 물을 사용하거나 모아놓은 빗물을 이용했다. 항상 귀했던 물은 최대한 아껴가며 사용해야 했다.

어업활동을 함께 하며 진행하는 공사라 몇 배의 힘이 들었다. 쉬는 날이라곤 없는 강행군이었다. 다행히 여름철이 다가와 조금은 더 계단공사에 치중할 수 있었다. 그렇지만 날씨의 변덕이 심한 독도의 특성상 공사의 진행은 수시로 중단과 재개를 반복하며 더디게 이뤄졌다. 70% 이상이 90도에 가까운 급경사로 이뤄진 독도의 언덕은 공사를 더욱 힘들게 했고 사람들을 지치게 했다. 하루에 한 두 칸의 계단을 만드는 것이 고작이었다. 1983년 시작한 1차 공사는 서도 어민 보호소에 뒤편에서 꼭대기까지 진행되었다.

▲모래 채취 작업

▲자갈 채취 작업

독도 산신령이라는 별명

어민보호소 뒤편에서 시작해 한 칸씩 계단을 만들어 위로 올라갔다. 바위를 깎아 계단의 형태를 만들고 거푸집을 이용해 틀을 만들었다. 독도 주변에서 구해온 자갈 시멘트 모래를 물골의 물과 섞어 거푸집 안에 넣어 계단을 완성해 갔다. 시멘트를 제외한 모든 재료들이 독도에서 직접 만든 것이라 재료 하나하나가 다 소중한 것이었다. 계단이 점점 높아지면서 시멘트를 올려 보내는 것이 힘들어지기 시작했고 로프에 의지해 시멘트와 같은 자재를 몸으로 올리는 작업은 한계에 이르렀다. 최종덕은 다시 아이디어를 냈다. 동끼(도르래)를 들고 로프에 의지해 혼자 산을 올랐다. 계단이 끝나는 능선 입구 부근에 도르래를 설치하고 다시 강철선을 들고 올라가 어민보호소 뒤에 설치한 경운기 엔진과 연결하여 무거운 물건도 쉽게 올릴 수 있도록 만들었다. 계단 공사의 속도는 빨라지고 시멘트와 자재를 올리는 힘든 일은 줄어들었다. 1983년 7월 1차 계단공사가 어려웠지만 큰 사고 없이 마무리 되었다. 1984년 3월부터 2차 계단공사가 시작되었다. 능선을 따라 대한봉 옆을 지나 물골로 가는 공사였다. 능선공사는 만들어둔 동끼(도르래)를 이용해 모든 재료를 올려 보내 바로 섞어서 공사를 진행했다. 1차 공사에 비해 길이는 길고 계단의 수는 많았지만 급경사면이 적어 훨씬 빠르게 진행되었다. 자갈이나 모래 등 재료의 수급도 1차 공사의 경험이 있었던 터라 조금은 덜 힘들었다. 자갈의 경우 계단이 만들어지는 길옆에서 바로 구할 수도 있었다.

▲1차 계단공사–주민숙소 뒤

▲2차 계단공사-서도 정상

깎아지는 돌을 깨서 활용하기도 했다. 이렇게 1984년 5월 2차 공사는 순조롭게 마무리 되었다.

문제는 1985년 3월에 시작한 3차 계단 공사였다. 1차와 2차 공사는 아래에서부터 만들어 가는 형태의 공사를 진행했지만 대한봉에서 물골로 내려가는 3차 공사는 위에서부터 아래로 만들어가야만 했다. 1, 2차 공사 때 같이 아래에서 부터 만들면 될 것처럼 보이나 물골 주변은 쉽사리 공사하기 어려운 조건이었다. 어민보호소 주변은 독도에서 가장 바람과 파도의 영향을 덜 받는 곳이었다. 하지만 물골은 전혀 다른 섬처럼 파도와 바람의 영향을 직접적으로 받는 곳이었다. 파도를 막아줄 어떤 것도 없었고 바람이 불고 파도가 치면 공사를 위한 자재와 장비들, 그리고 힘들게 만들었던 계단까지 한 번에 다 쓸려 나가버리기 때문에 방법을 찾아야만 했다. 2차 공사 때와 같이 자재들을 능선까지 올리고 그것들을 짊어지고 능선을 지나 산을 넘어 경사가 가장 심한 물골로 내려가는 입구까지 움직이는 것은 거의 불가능에 가까운 일이었다. 최악의 상황, 급경사에 힘만 주면 쉽게 부스러지는 바위와 거센 파도와 바람으로 엄두를 못 내고 있을 때 최종덕은 여러 가지 변수를 생각하여 정상에서 아래로 계단을 만들면서 내려가기로 결정했다. 그러나 그 무거운 자재들을 짊어지고 어떻게 정상으로 올리느냐가 큰 문제였다.

▲3차 계단공사–물골로 내려오는 계단

당시 함께 일했던 사람들은 최종덕에게 '산신령'이라는 별명을 붙였다. 독도의 급경사를 너무 쉽게 오르내리는 모습을 보고 지은 별명으로 서도에서 산을 타고 올라가기 위해 설치된 로프도 최종덕이 직접 오르내리며 설치한 것이었다. 최종덕은 위에서 아래로 만드는 것을 결정한 뒤 능선에 있던 동끼(도르래)를 철거하고 어민보호소 뒤에 설치된 경운기 엔진을 분리시켰다. 엔진과 강철선을 덕진호에 싣고 물골로 향했다. 최종덕에게 설명은 들었지만 당시 함께 일하던 선원들과 울릉도에서 계단공사를 위해 들어온 인부들은 최종덕을 보며 '미친 사람인가?' 라고 생각했다. 최종덕은 물골에 도착해 무거운 경운기 엔진을 분해해서 등에 메고 정상까지 짊어지고 올라갔다. 그는 엔진을 분해해서 정상에 올린 다음에 이를 다시 조립하는 방법을 찾아냈다. 함께 일하던 인부들과 선원, 해녀도 모두 힘을 합쳐 그 어려운 작업을 해냈다. 경험과 창의력을 겸비한 최종덕이기에 가능한 작업이었다.

엔진을 정상에 올린 이유는 1, 2차 공사와 반대로 정상으로 재료들을 올려 정상에서부터 만들어 내려오기 위한 것이다. 파도로부터 보호할 수 없는 물골의 불안한 상황보다 정상에서 준비하는 것이 더욱 안전한 것이다. 덕진호는 울릉도에서 가져온 자재들을 물골로 실어 날랐고 정상에서 해녀들은 망치를 이용해 바위를 깨서 자갈을 만들었고 아래 물골에서는 모래를 담은 자루와 시멘트를 물과 함께 강철선을 이용해 정상으로 올려 보냈다. 이렇게 정상에서부터 물골로 한 계단씩 만들어 나갔다. 1985년 5월 드디어 3차에 이르는 모든 계단공사가 끝나고 로프를 잡고 흙길을 올라 다니던 서도에 이제는 돌풍과 파도가 쳐도 안전하게 다닐 수 있는, 물골과 덕골을 연결하는 길이 생긴 것이다.

최종덕이 지키고 있는 동안 독도에서는 사람 냄새가 났다. 절벽 끝에 덩그러니 있던 움막집도 시간이 지나면서 늘어났고 사람들도 차츰 늘어 마을을 이루고 사람이 사는 동네로 발전하는 꿈을 이루어 가는 중이였다. 하지만 서도에서는 급한 일이 생기면 외부로 연락할 방법이 전혀 없었다. 당시 동도와 서도 사이에 별다른 연락망이 구축되어 있지 않아 배를 타고 독도경비대로 가면 전화기를 사용할 수 있었지만 그마져도 날씨가 좋지 않아 경비대로 이동을 못하면 쓸 수가 없는 형편이었다. 이런 이유로 최종덕은 동도와 서도 간에 삐삐선이라 불리는 군용전화선을 연결하기로 마음을 먹고 설치 방법을 연구했다.

삐삐선을 연결해 바다를 지나간다면 틀림없이 파도에 쓸려나가 끊어질 것이고 물위를 지나 연결해야 하는데 늘어나지 않게 팽팽히 고정하는 것이 문제였다. 이때 최종덕의 번뜩이는 아이디어가 또 한 번 확인되었다. 우선 동도에서 서도로 배를 이용해 튼튼한 강철선을 연결해 고정을 하고 그 후 삐삐선을 강철선에 연결해 비바람을 맞아도 아래로 쳐지거나 바람에 날리는 일이 없이 고정할 수 있었다. 강철선을 연결하는 것도 최종덕은 직접 절벽을 타고 올라 위치를 선정하고 최적의 장소에 안전하고 튼튼한 방법으로 만들었다. 두 섬 사이에 전

▲독도 최초 동도~서도간 경비전화선 줄 설치된 모습

화가 개통되는 순간, 최종덕이 아니었다면 불가능한 일이라며 위험하고 긴급한 일이 생겨도 연락할 방법이 생긴 것에 경비대원들과 선원, 해녀들 모두 감탄을 했다. 전화가 개통된 후 한 달 만에 긴급한 일이 발생했다. 최종덕의 딸 최은채가 새벽에 급성 맹장염으로 응급 수술이 필요한 상황이 발생한 것이었다. 급히 독도경비대와 통화를 통해 독도 주변에서 조업 중인 배를 긴급히 수배했다. 마침 독도 주변에서 조업 중이던 후포지역 배의 도움으로 최은채를 울릉군립병원으로 이송해 안전하게 수술을 마칠 수 있게 되었다.

연간 쾌청일수가 불과 47일에 불과하고, 1년에 수차례 이상의 태풍과 폭풍에 휩쓸리는 등 사람이 살기에 척박한 환경인 독도는 거친 파도와 세찬 비바람으로 인해 수시로 무너져 내리는 바위와 싸워야 했고, 파도가 휩쓸고 지나간 자리에 남겨진 삶의 터전을 다시 일으켜 세우며 24년 이라는 시간을 견뎌왔다.

어민보호소가 자리해있는 덕골은 독도에서 가장 파도와 바람의 영향이 적은 곳이었다. 하지만 완벽하게 안전할 수는 없었다. 파도가 심하게 치는 밤이 지나가면 어김없이 부서져 나간 자리들이 생겼다. 독도의 일상 중 쉬는 날은 대부분 보수공사로 하루를 보내야 했

▲뱃자리 보수 작업

다. 특히 배를 묶어 세워두는 선가장과 선착장은 수시로 보수공사를 진행해야만 했다. 또 무섭게 무너지는 산사태로 많은 피해를 보기도 했다. 어민보호소와 선가장 뒤에 위치한 절벽은 푸석거리는 독도 바위들의 특성도 있지만 자주 무너져 내렸다. 이런 힘든 상황 속에서도 최종덕은 함께 있는 사람들의 안전을 위해 누구보다 먼저 무너진 산에 올라 위험한 돌과 바위들을 제거하고 보수공사를 진행했다.

독도에서 태풍과의 사투

1963년 첫 입도 후 1965년 독도에 자리를 잡고 살기 시작한 최종덕은 1987년 목숨이 다하는 순간까지 70여 개가 넘는 태풍을 직간접적으로 겪으며 독도를 지켜냈다.

태풍이 지나가면 독도는 몸살을 앓았다. 거의 한 달을 태풍으로 부서진 시설물을 수리하고 보수해야만 했다. 덕골의 어민보호소가 아무리 영향을 안 받는 곳이라고는 하지만 섬이라는 특성상 피해갈 수는 없었다. 특히 파도의 영향을 받아 보수공사가 잦은 선가장은 배를 지키기 위해 안간힘을 써도 언제나 일부분은 망가져 있었다. 평소에도 파도가 강하게 치면 끌어올려 묶어둔 덕진호에 영향을 주기도 했는데 1985년 9월 서도 선착장에 올려둔 덕진호가 제13호 태풍 '패트'에 의해 파손되고 말았다. 덕진호에 실려있던 서류와 최종덕이 만든 기계장비들이 고스란히 바다 속으로 가라앉았다. 1976년 구입해 거의 10년을 함께한 배였다. 어쩔 수 없이 배를 폐기하고 1985년 10월 새로운 덕진호를 구입해 사용을 시작했다. 새롭게 배를 구입하며 최종덕은 5년마다 갱신하는 독도의 어업권을 도동어촌계와 새롭게 재계약을 맺었고 지속적으로 독도의 해산물 작업을 이어가기 위해 새롭게 기계장비들을 만들고 재정비해 독도의 삶을 이어나갔다.

1986년에는 최종덕을 비롯하여 선원과 해녀 약 13~15여명이 함께 생활했고 최종덕의 딸 최은채, 사위 조준기 그리고 두 살 배기 외손자 조강현 까지 함께 독도에 들어와 생활했다. 3대가 모여 사는 진짜 마을 같은 모습으로 진정한 정착을 이루는 것처럼 보였다. 그것도 잠시 1987년 7월 필리핀 부근에서 발생한 태풍 셀마가 한반도를 관통하며 행복했던 순간도 사라지고 독도의 모든 것이 변했다.

1987년 7월 15일 오전 3시, 진행 방향을 북북동으로 선회한 태풍 셀마는 7월 14일의 재발달에 힘입어 강력한 위력을 유지한 채 한반도를 향해 빠르게 북상했다. 7월 15일 오후 3시에는 중심기압 955hP, 최대풍속 초속 40m의 세력으로 제주도 서귀포 남쪽 약 150km 부근 해상까지 접근하였으며, 약 시속45km의 매우 빠른 이동속도로 제주도 동부 지역을 스쳐 지나간 뒤 같은 날 오후 10시경 고흥 반도에 상륙했다. 이때의 세력은 중심기압 970hp, 최대풍속 초속 40m의 강도 '강'이었다. 이후에는 순천, 추풍령, 상주, 강릉 순으로 한반도 내륙을 관통하여, 7월 16일 오전 6시경에는 동해상으로 빠져나와 독도를 덮쳤다. 독도는 최대풍속 40m/s의 바람과 200mm가 넘는 비를 아무런 보호 장치도 없이 온전히 맞아야했고 어민보호소를 넘어가는 파도와 밤새워 싸워야 했다. 기상청에서 올바른 경고만 했어도 최종덕은 태풍에 대한 준비를 철저히 했을 것이다. 하지만 태풍 셀마는 대한민국 기상청에 큰 오점을 안겨준 대표적인 태풍이었다. 한반도에 상륙하기 하루 전인 7월 14일, 기상청은 태풍이 일본의 큐슈 지방으로 향할 것으로 판단하여 한반도에는 간접적인 영향만을 미칠 것이라 예상했다. 그러나 7월 15일, 태풍은 기상청의 예상과는 달리 한반도에 상륙할 듯한 기세로 계속 북상했다. 7월 15일 다른 국가에서는 태풍의 한반도 상륙을 예상하고 예보를 내보내고 있었다. 반면 대한민국의 기상청은 14일의 예상 진로에서 조금 변경되었을 뿐인 태풍의 대한해협 통과를 예상하고 한반도에는 큰 영향이 없을 것이라는 기존의 입장을 고수했다. 기상청의 예보대로 태풍이 한반도를 비켜 가리라 생각했던 사람들이 대다수로, 태풍에 대한 대비는 그야말로 취약하기 그지없었다. 남동쪽 반경 550km, 북서쪽 반경 450km 크기의 강풍지역을 가진 '대형의 강한 태풍'으로서 한반도에 상륙했다.

결국, 345명에 달하는 사망·실종자와 10만여 명의 이재민이 발생했다. 특히 사망·실종자 345명 중에서 절반 가까이가 태풍의 한반도 상륙 사실을 모른 채 피항을 하지 않았던 선박들의 침몰·좌초로부터 비롯된 것으로 진로 예측 실패가 피해를 키우는데 기여했음이 분명했지만 기상청은 실수를 덮고자 태풍이 이미 한반도를 관통하여 동해로 진출했음에도 불구하고 '태풍 셀마는 대한해협을 지나 동해로 빠져나갔다'고 태풍의 이동 경로를 조작하여 발표했다. 이런 기상청의 발표로 태풍에 미리 대비하지 못한 독도는 남은 것 하나 없이 초토화된 모습으로 쑥대밭이 되어 있었다. 다만, 최종덕이 최초로 지은 집은 그 험한 태풍을 견디면서 그 자리에 꿋꿋하게 서 있어서 그가 선택한 부지가 얼마나 안전한 보금자리인지 알 수 있었다.

7
최초 독도인 최종덕을 기리며

7

최초 독도인 최종덕을 기리며

태풍 셀마가 독도를 휩쓸고 지나갔을 때 최종덕에게는 24년 동안 모든 것을 쏟아 부었던 최종덕의 독도가 아닌 폐허만이 남아있었다. 평생을 일궈 놓은 생활의 터전이 작은 집의 뼈대만 앙상하게 남은 채 모두가 사라져 버린 것이다. 수년 동안 피와 땀을 모아 일궈 놓은 삶의 터전을 잃어버린 최종덕의 마음은 세상 누구도 알 수 없었다.

태풍이 지나가고 며칠이 지났다. 울릉도에서 경비정을 타고 독도에 들어간 최종덕은 태풍에 의해 오랫동안 가꾸어온 집, 건조장 등 기반시설이 모두 사라진 모습을 멍하니 바라만 볼 수밖에 없었다. 독도의 처참한 상황을 직접 목도하고 온 최종덕은 울릉도에서 아무것도 하지 않고 허공에 시선이 고정된 채 시간만 보내고 있었다. 오랫동안 최종덕은 아무 말도 하지 않았고 음식도 거의 입에 대지 않

▲태풍으로 부서진 집 1

▲태풍으로 부서진 집 2

았다. 하늘을 향해 한숨만 쉬며 멈춘 듯 시간이 흘러갔다. 다른 사람들은 최종덕이 다시 일어날 것이라 믿고 기다리며 내일의 독도를 준비하고 있었다.

최종덕은 정신을 차리고 다시 시작하겠다는 생각으로 자리를 털고 일어났다. 피해복구에 필요한 자재를 구입하기 위해 육지로 향했다. 필요한 자재를 구입하여 화물선에 실어 울릉도로 보냈다. 모든 준비를 마치고 새로운 시작을 위해 돌아오는 길, 그러나 하늘은 최종덕에게 다시 시작할 기회를 허락하지 않았다. 함께 오기로 한 해녀를 기다리던 포항 버스터미널에서 뇌출혈로 쓰러져 삶의 모든 것을 바친 독도로 다시 돌아오지 못했다.

누군가는 말할 것이다. 독도에 들어가서 사는 것이 뭐 그렇게 힘들고 대단한 일이냐고, 하지만 독도에서 생활해 본 사람들은 말한다. 누구나 도전할 수 있지만 아무나 해낼 수 없는 일이라고, 독도의 자연은 사람에게 터무니없는 가혹한 상황을 만들고 쉽게 허락하지 않는 곳이다.

만약 최종덕이 독도에 터를 잡고 생활을 영위하지 않았다면 지금의 독도는 어떻게 되었을까? 다른 누군가가 최종덕의 자리를 대신해 집을 만들고 사람들을 불러 모아 독도를 더욱 발전 시켰을 수도 있다. 하지만 하루하루 생활하기 바빴고 먹고 살기 힘들었던 시절 후손들에게 물려줄 우리의 영토주권을 온몸으로 실천하고 힘들고 어려운 곳인 것을 알면서도 독도로 들어가 독도가 대한민국의 영토임을 세상에 알린 최종덕은 우리 현대사에 없어서는 안 될 큰 위인이다. 무엇이 그를 독도로 불러들였고, 왜 그는 독도로 향해야 했는지? 단순히 부유한 생활을 위한 돈벌이가 아닌 자신만의 확고한 의지와 미래에 대한 믿음이 있었다고 보아야 한다.

최종덕이 생각했던 믿음에 지금 현재의 우리가 답을 해야 할 것이다. 사람이 사는 마을을 꿈꾸며 마지막 생을 마감할 때까지 최종덕은 무너진 독도의 집과 시설을 고쳐 다시 시작할 생각을 하고 있었을 것이다. 너무 힘들었을까 식음을 전폐하고 말하는 것조차 놓아버린 며칠간의 시간이 너무 커다란 마음의 고통이었을지도 모른다. 누구도 가늠할 수 없을 독도를 가장 사랑한 사람의 마음을 알 수는 없지만 그의 뜻을 이어가야 한다는 생각은 누구라도 할 수 있을 것이다.

독도가 한 어민에 의해 개발되고 대한민국의 고유 영토이며 무인도가 아닌 유인도임을 널리 증명한 영원한 독도인 최종덕! 지금 우리가 바라보고 지키려는 이 독도는 최종덕이 꿈꾸고 만들려고 했던 그 독도가 되어있는 것일까? 또 우리는 그의 유지를 바로알고 지키고 있는 것인가? 하는 질문을 우리 스스로에게 해야 할 시간이다.

마무리 제언 : 독도 서도 도로명 주소를 '최종덕길'로

독도는 동도와 서도로 구분된다. 동도와 서도의 차이를 한마디로 구분한다면 동도는 '경비구역'이고, 서도는 '주민구역'이다. 독도의 도로명 주소를 정할 때, 그것이 반영되었다면 어땠을까? 독도의 주소가 일제 강점기 때 만들어진 지번 중심의 주소에서 우리가 만든 도로명 주소로 바뀌었다는 점에서 바람직하지만 동도에는 '이사부길', 서도에는 '안용복길'로 정했다는 점은 많이 아쉽다. 이사부는 우산국을 복속시킨 장군이었기 때문에 경비구역인 동도의 주소가 되었고, 안용복은 흔히들 어부로 알려진 인물이기 때문에 주민구역인 서도의 주소가 되었다고 생각하면 이해할 수도 있지만, 이사부나 안용복 두 사람이 독도에 얼마만큼 머물렀는가를 생각한다면 굳이 두 사람의 이름을 따야만 했을까? 이사부는 독도에 온 기록이 전혀 없다. 『숙종실록』에 의하면 안용복은 1696년 독도에 와서 일본 어부들을 막대기로 내려치면서 독도가 우리나라 땅임을 말했고, 일본에 가서도 그것을 주장했다. 그런 점에서 안용복은 독도의 주소로 명명될 수 있는 인물이다. 국가의 3대 요소는 영토, 국민, 주권이다. 그런 관점에서 보면 안용복은 독도의 주민은 아니다. 주민공간인 서도의 주소로 '안용복길'을 정한 것은 아쉽다. 주민 숙소에도 '안용복길'이란 팻말이 있다. 그 주민숙소는 독도의 최초 주민인 최종덕이 독도의 여러 지역을 답사하여 터를 잡아 독도에서 최초로 주민이 사는 집을 지은 곳이다. 그리고 주민숙소 뒤로 독도에 유일하게 담수(淡水)가 나오는 물골로 넘어가는 '물골 가는 계단(998계단)'이 보인다. 그 계단 역시 최종덕이 닦았다. 사전적 의미로서의 '주소'는 '사람이 살고 있는 곳이나 기관, 회사 따위가 자리 잡고 있는 곳을 행정 구역으로 나타낸 이름', 또는 '실질적인 생활의 근거가 되는 장소'이다. 그렇다면 독도에서 처음 집터를 닦아 집을 지었고, 샘물인 물골로 넘어가는 길을 닦은 주민인 '최종덕 길'이라고 부르는 게 더 낫지 않을까? 또 경비구역인 동도의 경우도 '이사부길'이라고 하기보다는 '수비대 길', 혹은 '경비대길'이라고 하는 게 더 낫지 않을까? 국민공모로 독도의 도로명 주소를 선정했다고 하지만 거기에 참여한 사람들 가운데 독도에 가본 사람이 얼마나 될까? 그리고 동도와 서도의 차이를 정확히 인식한 사람이 얼마 만큼일까? 진한 아쉬움이 남는다. 지금이라도 독도 서도에 '최종덕길'을 도로명 주소로 만드는 것이 최종덕의 업적을 후손에 전해주는 방법이다.

[부록]

최종덕의 독도 개척사

3대의 독도 삶의 기록
(1963년~1994년)

기록 : 최은채 (독도거주기간 : 1979년~1992년)

1963년

– **3월** 독도 첫 입도 (바다미역 현장 답사)

1964년

– 독도 입도 (물골거주) 3월~5월 : 해녀 5명, 사공 3명 미역채취

▲물골 샘 만듦

1965년

- 도동수협 독도바다어장 채취권 입찰 (본격적으로 독도어장 독점 작업) 3월~6월 해녀5명 사공3명 미역채취 등

· 1965. 2. 25 경북면허 830 (독도단독 공동어장)

• 최종덕은 물골에서 장기적인 생활이 어려워 다른 곳에 정착하기 위한 곳을 탐색 (파도가 치는 날 독도 정상에서 곳곳을 관찰함) 바람에 따라 어느 쪽이 파도가 섬으로 올라오는가를 탐색

※ 최종덕은 독도 서도 정상 대한봉길 최초 탐험.

1966년

- 물골 반대방향(주민숙소) 에 처음 집을 지을 터를 만듦.

• 사촌동생 최종찬이 이때부터 선원으로 고용되어 독도에 거주하기 시작함. 서도 주민 숙소에 방 한 칸의 함석집을 지음. 이때 물골에는 해녀들이, 주민숙소는 사공들이 생활함

▲독도 집

1967년

– 서도 집에서 본격적인 독도생활 시작

(이듬해 10월경 ~ 다음년도 4월경) 6개월 정도

• 겨울철 작업(소라. 전복. 해삼) 해녀(하다까) 고용

▲해녀(하다까) 머구리(복장)

1970년

– 문어건조장 올라가는 길 만듦

▲문어건조장 올라가는 길

1974년

– 정부에서 독도에 관심을 갖기 시작함

이때 서도집을 정부에서 '어민보호소'라 명칭을 하라고 함.

▲어민보호소

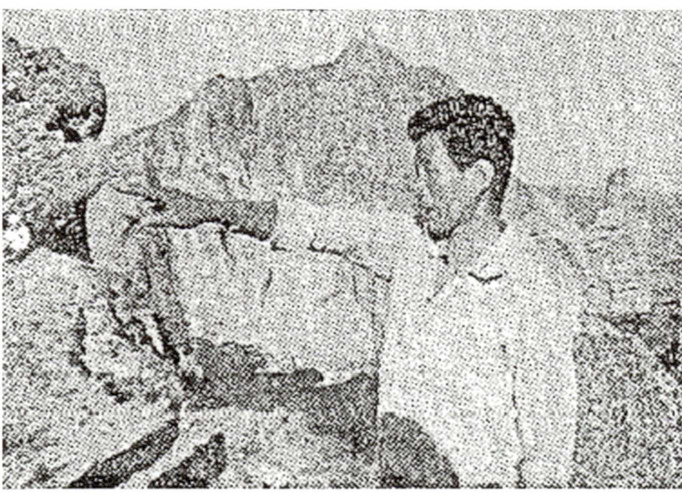

▲최종덕 흑백 사진

1977년

– 덕진호 배에 고속엔진으로 기계 교체함 (이전에는 울릉도에서 독도까지 10~12시간 소요) 기계를 바꾼 후론 (울릉도에서 최초) 9시간~10시간 소요

▲집과 배

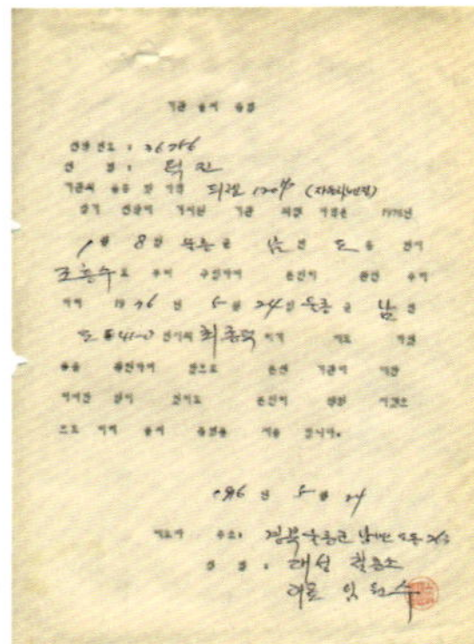
▲자동엔진서류

– 울릉군청에 독도 최초 주민등록 신청 7월경

– 경찰청장 감사장 (최종덕)

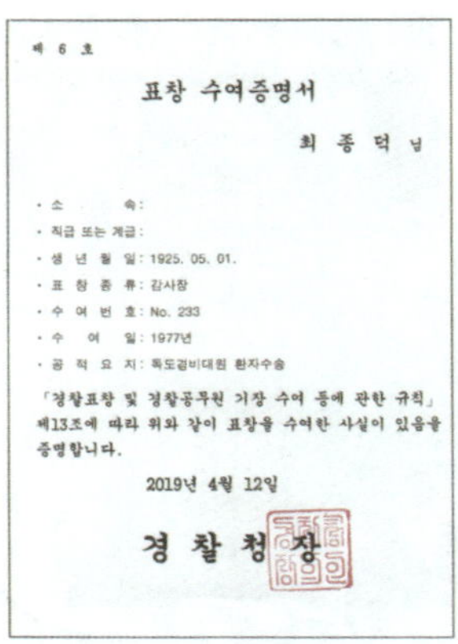

제 6 호

표창 수여증명서

최 종 덕 님

- 소 속:
- 직급 또는 계급:
- 생 년 월 일: 1925. 05. 01.
- 표 창 종 류: 감사장
- 수 여 번 호: No. 233
- 수 여 일: 1977년
- 공 적 요 지: 독도경비대원 환자수송

「경찰표창 및 경찰공무원 기장 수여 등에 관한 규칙」 제13조에 따라 위와 같이 표창을 수여한 사실이 있음을 증명합니다.

2019년 4월 12일

경 찰 청 장

▲최종덕이 받은 경찰청장 감사장

1978년

– **10월말경** 김○○이 처음으로 독도 선원으로 입도 (울릉도 우리 집에 이사 와서)

1979년

– **10월 26일** 딸 최은채 처음 독도 입도시기 (당시나이 17세)

1980년

– **3월** 묵호에서 성게 작업 건으로 8명 정도 독도 입도

• (수송 어려움으로 보름 만에 철수)

– **4월** 최초 독도에서 염장 미역 개발 (이때 일반 해녀3명 고용함)

• 당시 소금 값이 폭등하여 결국 실패

▣ 에피소드: 미역 작업을 하던 어느 날 동도 경비대원(전투경찰)들이 서도에 조그마한 땟목을 타고 놀러 왔다가 그날 독도의 딸 최은채와 전경 5명이 함께 수영 시합을 함. 거리는 서도 뱃자리에서 동도 촛대바위까지(지금의 선착장) 직각으로 갔다가 뒤돌아 오는거 였다. 그러나 독도는 바닷속을 모르면 물살에 휘말려 떠내려 가기에 대원들은 중도에 모두 포기하였으나, 독도의 딸 최은채는 왕복에 성공을 하여 이때부터 독도경비대원들 사이에는 독도의 딸 이야기가 전설로 전해왔다. (별명이: 독도깡패?? 독도물개 등)

- 독도 전복양식 시도 (6월에 보름가량 독도에 와서 전복양식 시도)

▲전복양식 1

▲전복양식 2

- 어민숙소 확장

▲1983년 7월 어민숙소

1981년

- 10월 14일 독도 최초 주민등록 이전 (일가족3 명)

  주소 : 울릉군 울릉읍 도동 산 67번지

  ※ 참고 : 독도에서는 11월부터 이듬해 3월까진 수산물 채취 잠수 작업을 함 (소라, 전복, 해삼, 문어 등) 이때는 무조건 바다 작업만 함.

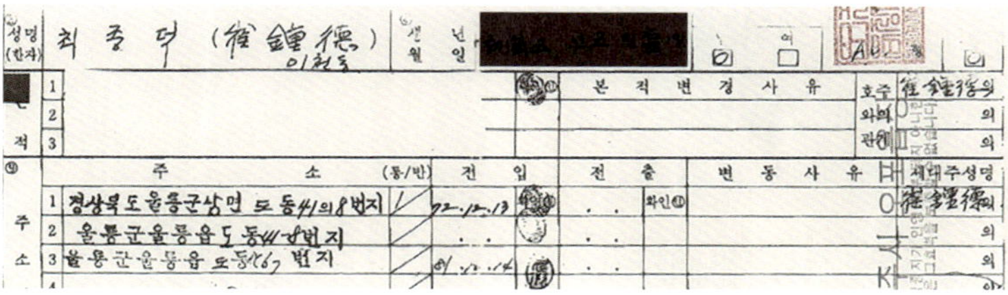
성명(한자) 최종덕 (崔鍾德) 이천동
생년월일
본적변경사유
주소 (통/반) 전입 전출 변동사유 세대주성명
1 경상북도울릉군남면 도동41의8번지 1 72.12.13 崔鍾德
2 울릉군울릉읍도동41-8번지
3 울릉군울릉읍도동산67번지 81.10.14

▲최종덕(아버지)

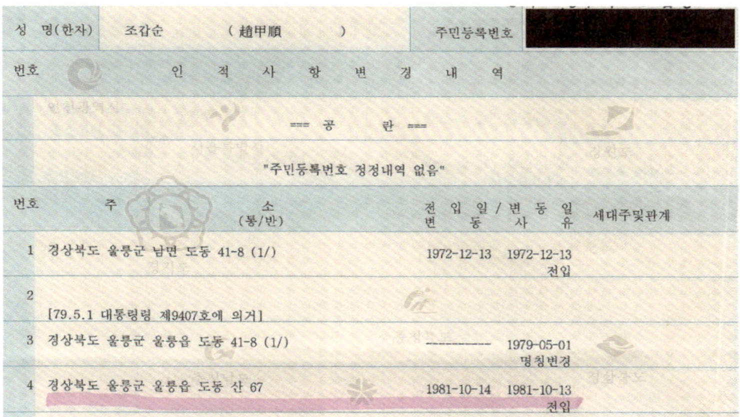
성 명(한자) 조갑순 (趙甲順) 주민등록번호

번호 인적사항변경내역

=== 공 란 ===

"주민등록번호 정정내역 없음"

번호	주소 (통/반)	전입일 / 변동일 변동사유	세대주및관계
1	경상북도 울릉군 남면 도동 41-8 (1/)	1972-12-13 1972-12-13 전입	
2	[79.5.1 대통령령 제9407호에 의거]		
3	경상북도 울릉군 울릉읍 도동 41-8 (1/)	---------- 1979-05-01 명칭변경	
4	경상북도 울릉군 울릉읍 도동 산 67	1981-10-14 1981-10-13 전입	

▲조갑순(어머니)

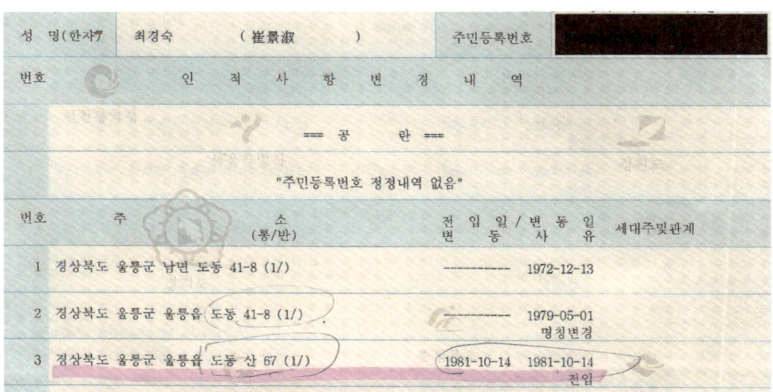
성 명(한자) 최경숙 (崔景淑) 주민등록번호

번호 인적사항변경내역

=== 공 란 ===

"주민등록번호 정정내역 없음"

번호	주소 (통/반)	전입일 / 변동일 변동사유	세대주및관계
1	경상북도 울릉군 남면 도동 41-8 (1/)	---------- 1972-12-13	
2	경상북도 울릉군 울릉읍 도동 41-8 (1/)	---------- 1979-05-01 명칭변경	
3	경상북도 울릉군 울릉읍 도동 산 67 (1/)	1981-10-14 1981-10-14 전입	

▲최은채(최경숙) 딸

– 가을 독도 헬기장 건설 시작

공사업체: 동아건설

• 해병공병대. 수송은 해군함대 (엘이시티) 철근 수송은 헬기로....

이렇게 동도경비대 숙소에서 지내면서 공사함

※ 이때부터 독도 시설 공사가 본격적으로 이루어짐

(계단공사 및 동도 일부 공사를 최종덕이 함. 딸 최은채도 함께)

– 동도 동키바위에 선착장 공사 진행 (최종덕)

▲동키바위 공사

1982년

– 3월 물골 방파제 및 탱크보수 공사 (최종덕)

• 최은채는 인부들 식사담당

▲물골 방파제

– **5월 25일 독도딸 최은채 독도탈출기**

• 매월 25일은 독도경비대원들이 교대를 하는 날이다.

이때 마침 아버지도 7월 동도 공사건으로 독도 바다 작업]을 마무리 하고 모두 일찍 독도에서 철수를 해 7월에 동도 계단 공사를 하시려고 울릉도로 나갈려던 차에 독도의 딸은 10시간씩 걸리는 아버지(덕진호) 보다 3시간 걸리는 경비정 503호를 먼저 타고 나오기로 하였으나 마침 이날 갈바람(남동풍)이 불어서 서도 집앞에 파도가 너무 거세 배를 댈수가없는 상황이였다. 하지만 독도의 딸은 구 등대(동도 반대쪽)에서 대원 교체를 하려고 와있던 경비정을 타지 못하게 되자 집 앞에 있는 권총바위(지금 촛대바위) 자갈밭까지 벼랑을

타고 가 거기서 삼형제 굴바위까지 험한 바다를 헤엄쳐 건너 경비정을 소리쳐 불러 타고 울릉도로 나왔음

– **7월~8월 동도 선착장 계단공사 (최종덕) 인부 4명 고용**

- 동도 1초소(망향정초소)에서 지내면서 공사 (최은채 식사 담당)

▲동도 계단공사

– 11월 5일 주경사와 권오광수경 순직

- (대장: 주재원경사, 대원: 권오광, 선종철 외) 이렇게 여러명이 서도 물골에 건너갔었다. (전경 기수는 보안상....)
- 동도에서 서도(물골)로 갈때는 파도가 잔잔하여 건너갔었는데, 동도로 돌아갈때에 갑자기 독도에 돌풍이 불어 파도가 거세지는 날씨로 변했고, 철선 뗏마가 뒤집혀지는 사고로 인해 주경사와 권오광수경이 배가 뒤집어지는 순간 머리를 부딪혀 바다에 빠져 그대로 익사하게 되는 사고를 겪게 된다.

• 아버지(최종덕)께서 울릉군 관계자 및 울릉 경찰서장님등 여러사람에게 물골에서 우리집(주민숙소)쪽으로 계단이 있었다면, 그들이 위험을 감수하면서까지 배를 타고 가지 않았을거라고 건의를 하기 시작했다. 그리하여 처음 공사 시작은 1983년 4월 초 삼익건설이 (현장 소장으로 오신 분이 '김하위' 소장님) 시작 했으나 일주일 만에 철수 후 최종덕 님께 의뢰가 와서 (당시 독도주민)으로 살면서 독도 지형과 상황을 누구보다 잘 알고 독도공사 경험이 있음으로 하청에 하청을 받아 1983년 5월부터 독도 서도에 물골계단 공사를 하게되었고. 그렇게 1차 공사가 마무리 되었다.
이렇게 해서 현재 물골계단이 있다.

1983년

- 5월~7월 물골계단 공사 1차 (주민숙소 위 ~ 능선 입구까지)

▲서도주민숙소 옆 계단1

▲서도주민숙소 옆 계단1

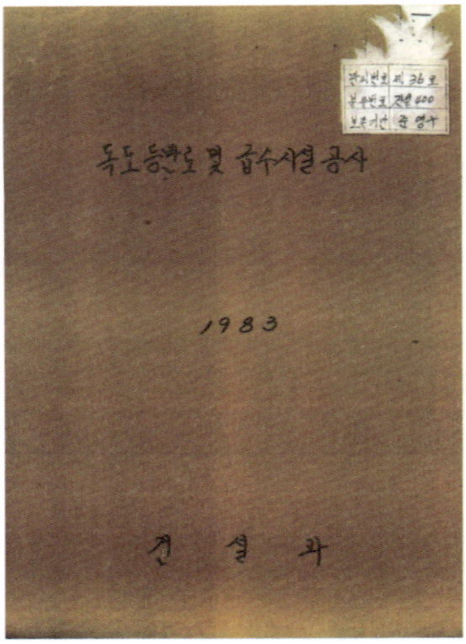

▲공사서류

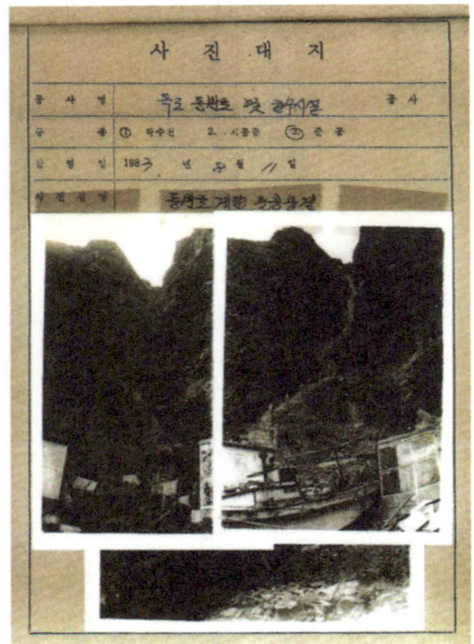

▲1차 준공 사진

1984년

– **2월** 동도↔서도 경비전화 연결 (독도 처음 전화연결)

▲동도↔서도 경비전화 연결

- **2월** 가수 정광태 독도방문

▲최은채, 정광태

▲정광태와 다같이 사진 찍고 있는 모습

- **3월** 독도딸(최은채) 새벽에 독도에서 급성 맹장염으로 당시 독도에서 작업하던 후포배로 울릉군립병원으로 이송하여 수술함.
- **3월 말~5월 초** 물골계단 공사 2차 (능선부분)

▲서도 정상 능선 부분

– 서도집 증축 (냉동창고) 시멘트집

▲서도집 증축 (냉동창고) 시멘트집

– **8월** 독도로 거주 등록한 2호 고순자 해녀 (해녀로 독도작업한 지 8년만에 독도로 주소이전)

– **9월** 독도딸(최은채) 결혼

1985년

– **2월 27일** 독도딸(최은채) 울릉도 군립병원에서 아들 출산

– **3월~5월 초까지** 물골계단 공사 3차 (정상에서 물골까지) (정상 꼭대기에서 밑으로 공사) 정상에 경운기 기계설치

▲물골쪽 계단 1

▲물골쪽 계단 2

– 9월 독도집 앞 뱃자리에 올려놓은 배(덕진호) 파손

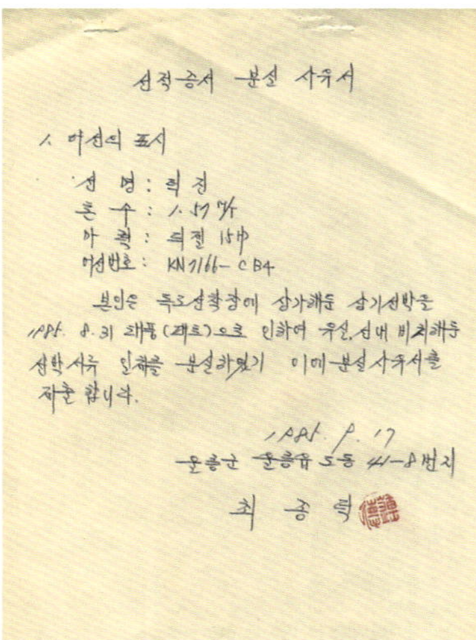

선적증서 분실 사유서

1. 어선의 표시

선 명 : 덕진
톤 수 : 1.57 M/T
마 력 : 디젤 15마
어선번호 : KN7166-C134

본인은 독도선착장에 상가해둔 상기선박을 1985. 8. 31 태풍(레토)으로 인하여 유실, 선내 비치해둔 선박서류 일체를 분실하였기 이에 분실사유서를 제출 합니다.

1985. 9. 17
울릉군 울릉읍 도동 41-8번지
최 종 덕

▲덕진호 말소신고서류 1

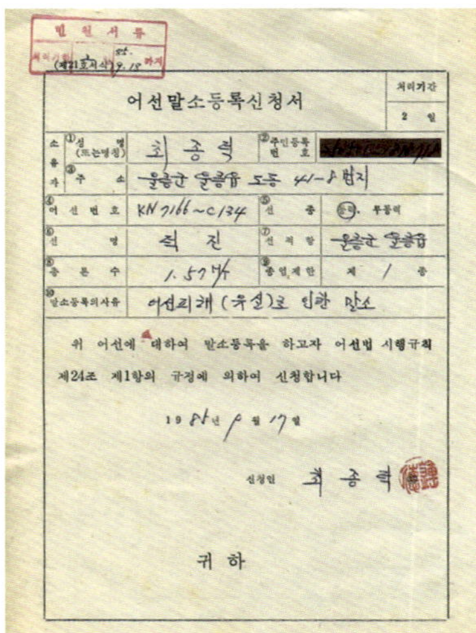

어선말소등록신청서 (처리기간 2 일)

소유자 ①성명(또는명칭)	최 종 덕	②주민등록번호	[illegible]
③주 소	울릉군 울릉읍 도동 41-8번지		
④어선번호	KN7166-C134	⑤선 종	동력. 무동력
⑥선 명	덕 진	⑦선적항	울릉군 울릉읍
⑧총톤수	1.57 M/T	⑨종업제한	제 1 종
⑩말소등록의사유	어선피해(유실)로 인한 말소		

위 어선에 대하여 말소등록을 하고자 어선법 시행규칙 제24조 제1항의 규정에 의하여 신청합니다

1985년 9월 17일

신청인 최 종 덕

귀 하

▲덕진호 말소신고서류 2

- 10월 덕진호 구입

- 10월 5일 독도바다 도동어촌계와 재계약

• 최종덕은 지속적으로 독도에서 살기 위하여 독도바다 어업권이 있는 도동어촌계와 5년마다 재계약을 맺어 독도에서 지속적으로 생활을 하며 해산물 작업을 하며 살아왔다.

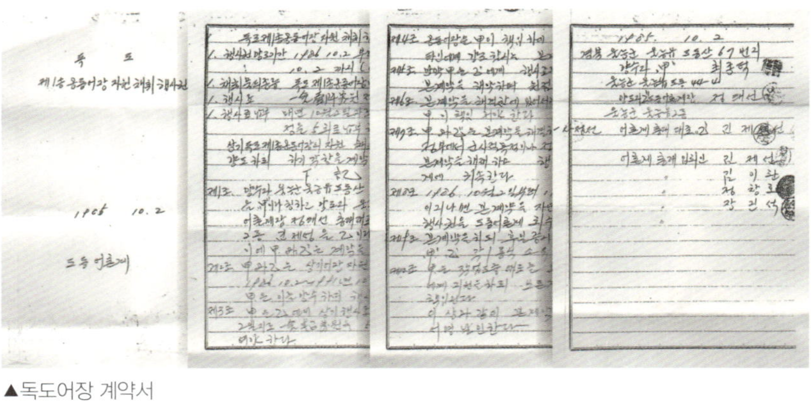

▲독도어장 계약서

1986년

– **7월** 독도딸(최은채) 남편(조준기) 독도 주소이전

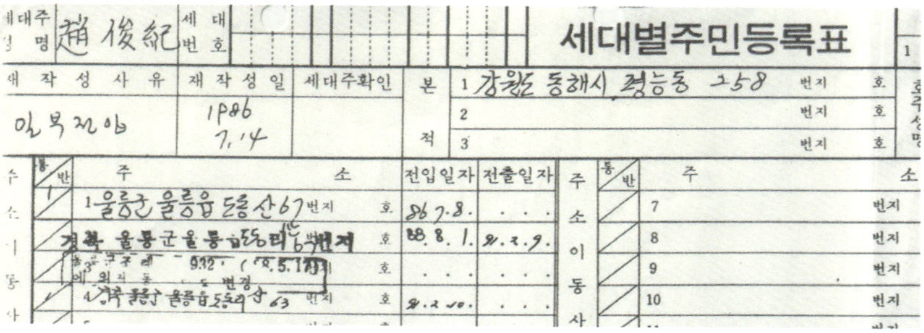

세대별주민등록표

세대주 성명	趙俊紀	세대번호	
재작성사유	재작성일	세대주확인	본적
입복전입	1986 7.14		1 강원도 동해시 평능동 258 번지 호 / 2 번지 호 / 3 번지 호

통 반	주소	전입일자	전출일자
1	1 울릉군 울릉읍 도동 산67 번지 호	86.7.8.	. . .

– **10월~1987년 5월 까지** (7개월간) 독도딸(최은채) 아들(조강현) 당시 2살 독도생활

※ 이때부터 독도에는 3대가 살았다.

▲조강현 어릴 적 모습1

▲조강현 어릴 적 모습2

1987년

– **8월 말경** 태풍으로 파손된 독도 서도집

▲태풍으로 부서진 집 모습 2

– **9월24일** 독도 최초주민 최종덕 작고 (독도 24년 거주)

(포항 버스 터미널에서 뇌출혈로 쓰러져 돌아가심)

- 태풍이 동해를 휩쓸고 지나갔을 때 아버지가 그동안 일궈 놓은 생활의 터전이 5평 남짓한 집만 앙상하게 남은 채 모두가 태풍에 휩

쓸려 사라져 버린 것이다. 수년 동안 피땀 흘려 일궈 놓은 삶의 터전을 잃어버린 아버지의 낙담은 이만저만이 아니었다. 그러나, 그대로 주저 앉을 아버지가 아니었다. 마음을 다시 추스르고 모든 것을 되돌려 놓아야 겠다는 일념 하나로, 아버지는 피해 복구에 필요한 자재를 구입하기 위해서 육지로 나오셨다. 자재를 구입하여 화물배에 실어 보내고 울릉도로 돌아오기 위해 포항 버스터미널에 도착하신 아버지께서 갑자기 쓰러지셨다. 혈압으로 인한 뇌출혈이었다.

–여기까지가 아버지의 독도생활사 였습니다.–

– 10월 도동어촌계와 독도 어장 계약서류 명의변경 엄마(조갑순) 이름으로 변경

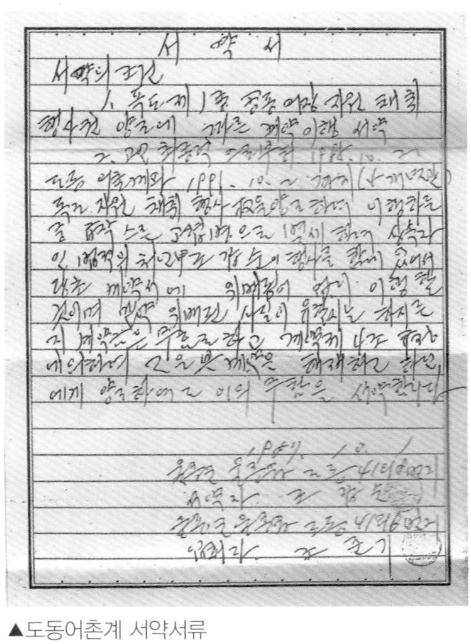
서 약 서

▲도동어촌계 서약서류

– **10월** 중순 독도 입도 (최은채, 조준기)외 8명

바다 작업 및 집 복구

1988년

– **2월** 집 뒤 산사태

• 산사태 복구작업 (독도식구들 모두) 5월 독도 철수

– **4월** 서울 로타리 클럽에서 최종덕을 기리는 동판 기증

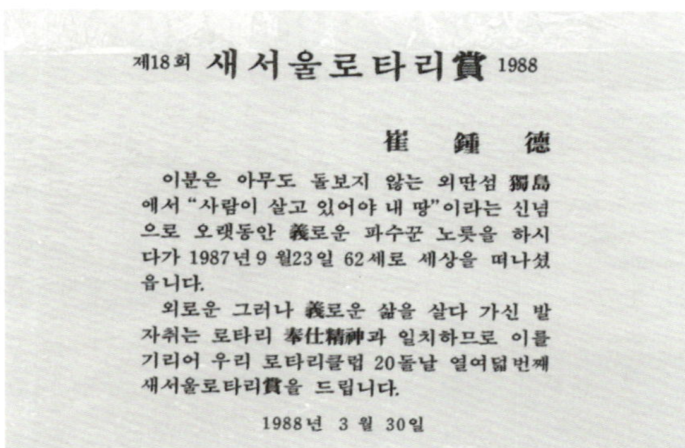

第18회 **새서울로타리賞** 1988

崔 鍾 德

이분은 아무도 돌보지 않는 외딴섬 獨島에서 "사람이 살고 있어야 내 땅"이라는 신념으로 오랫동안 義로운 파수꾼 노릇을 하시다가 1987년 9 월23일 62세로 세상을 떠나셨읍니다.

외로운 그러나 義로운 삶을 살다 가신 발자취는 로타리 奉仕精神과 일치하므로 이를 기리어 우리 로타리클럽 20돌날 열여덟번째 새서울로타리賞을 드립니다.

1988년 3 월 30일

▲ 최종덕을 기리는 동판

▲ 서도집앞 동판설치

– **6월** 고순자. 문영심 해녀 제주도로 감

– **8월** 울릉군에서 독도 서도집 복구비용으로 2.000만원 지원

– **9월** 독도집 새로 건설 시작 (조준기 외 6명) 독도 입도

(남자 머구리 고용)

▲2층집 공사 하는 모습

– 11월 독도집 완공 (1989년 5월까지 해산물 채취 후 철수)

▲완공된 독도집

1989년

– **10월 말경** 독도입도~1990년 4월 철수

– **11월** 가수 한돌, 사진작가 김정명 외 4명 독도 서도 숙소 제공

– **12월 초** 애기 출산차 병원 검진으로 울릉도 나옴

1990년

– **1월 24일** 울릉군립병원에서 최초 독도둥이 출산

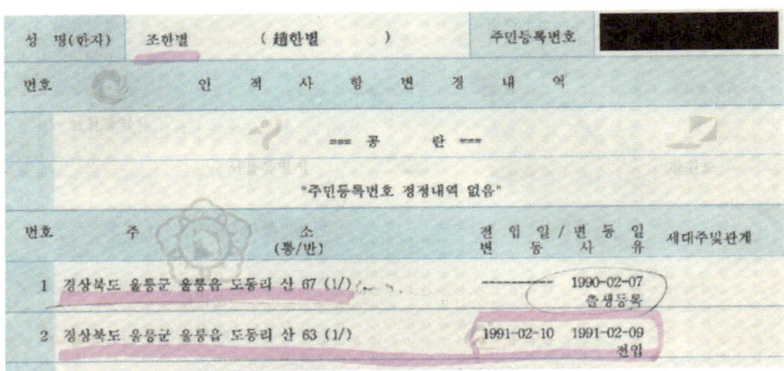

성 명(한자)	조한별 (趙한별)	주민등록번호	

번호	인 적 사 항 변 경 내 역
	=== 공 란 ===
	"주민등록번호 정정내역 없음"

번호	주 소 (통/반)	전 입 일 / 변 동 일 변 동 사 유		세대주및관계
1	경상북도 울릉군 울릉읍 도동리 산 67 (1/)	----------	1990-02-07 출생등록	
2	경상북도 울릉군 울릉읍 도동리 산 63 (1/)	1991-02-10	1991-02-09 전입	

▲최초 독도출생 기록

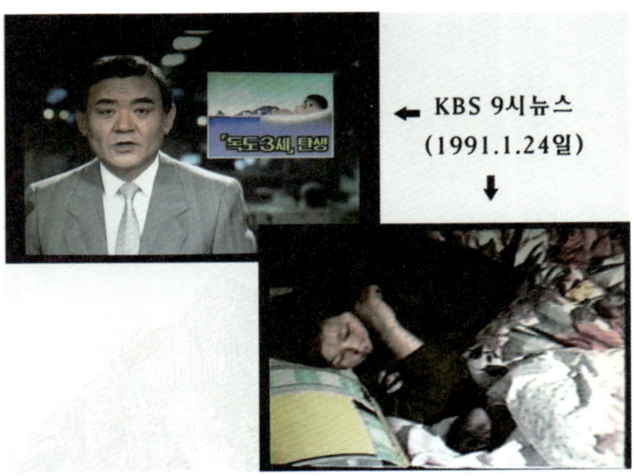

▲9시뉴스 보도

– **1월 25일** 가수 한돌이 독도둥이 이름을 지어줌 (조한별)
(홀로아리랑이 독도에서 작사 작곡한 것임)

– **11월 초~1991년 6월 까지** 독도 마지막 작업

• 독도 어장 계약이 1991년 10월로 종료됨으로 재계약을 해야 되나 당시 아버지(최종덕)께서 돌아가시자 어장 지불료로 당시 5년계약에 1,000만원에 했으나 다시 재계약시 1년에 500만원으로 지불하라며, 또한 계약기간도 2년으로 하란 말에 서로 합의가 되지 않아 독도 바다 작업 못함.

1991년

– **9월** 독도 덕진호 처분 (조갑순)

– **11월** 독도 사랑회 (대표: 서유석) 독도사랑호 후원 배 명의는 서유석으로 함

다. 조준기 동향

o 독도사랑회 어선건조

. 어선내역 : 독도사랑호(2.49톤. 56마력 목조)
소유주 : 독도사랑회(이사장 서유석)

. 건 조 비 : 50,000천원 정도(착공 91.5.28 , 준공 91. 10)

. 진 수 식 : '91. 11.9.15:00(포항 영남조선소)

o '91. 11. 20 울릉도 귀향차 강원도 임원항 도착

o 기상관계로 현재 임원항 체류

▲울릉군청 자료

– 12월 도동어촌계 독도바다 작업차 독도입도

• 배선원: 김성도 외 3명 김신열 소유의 배(명성호)를 도동어촌계에서 임대. 이 때 김성도, 김신열 부부 처음으로 독도로 주민등록 이전

2. 공동어장 현황

o 공동어업권

· 경북면허 128호 (도동어촌계 공동어장 185.4ha중 140ha차지)

· 어업권자 : 울릉군 수협 도동어촌계

o 공동어장운영

· 종전입어자 – 행사료 지불후 입어

– '65. 3 ~ '87. 9 최 종 덕

– '87. 9 ~ '91. 10 조 준 기 (故 최종덕 사위)

┌ 년간 입어료 : 2백만원 (년간생산량 : 25톤, 30백만원)

└ 조 업 어 선 : 독도사랑호, 2.49톤 (종전 : 덕진호 1.99톤)

('91년도건조, 건조비 50백만원, 소유자 : 독도사랑회 서유석)

· 현재 입어자 ('91. 11. 1이후) : 도동어촌계 직영

– 생 산 ('94) : 7 M/T 60,795천원

– 조 업 어 선 : 명성호 208톤, 승선원 : 선장 김 성 도외 3명

· 자 원 조 성 (전복치패살포) : 7만미 ('93 : 3만, '94 : 4만)

나. 어촌계 동향

o 도동어촌계에서는 '91. 6. 11 어업행사료 미합의와 조준기의 독도어업행사의 독선행위에 대하여 어민들의 감정유발로 독도 공동어장 직접관리운영(계획)

o '91. 10월부터 독도 공동어장 조업에 필요한 어선 및 장비구입

. 어선임대
- 임대기간 : '91. 10. 13 - 96. 10.13
- 임 대 료 : 년간 4,500천원(매년생산액에 따라 재임대 계약)
- 임대어선 : 울릉수협소속 명성호 2.08톤. 15마력목선)
(소유자 : 김신열)
- 장비구입 : 콤푸레샤. 호스등 잠수기구 일절('91.10 - 11)

▲울릉군청 자료

– **12월 부터** 도동어촌계에서 서도집 (최종덕 소유)을 무단 사용함

▲도동어촌계에서 임대한 배 (명성호)

1993년

– **12월 6일** 서도집을 도동어촌계에서 임대를 함

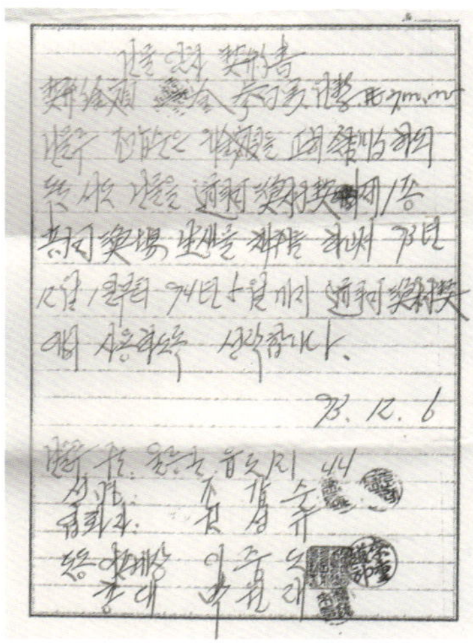

▲서도집 임대계약서

1994년

– 최은채, 조준기 독도를 떠나 강원도로 이주

– 최종덕에서 시작한 30년 독도 현대사를 딸 최은채가 정리함